# 无畏向前

# *Girl Code*

## 精 英 女 性 自 我 实 现 之 路

[美] 卡拉·阿尔维·莱瓦（Cara Alwill Leyba） 著　孙玲莉 译

中信出版集团 · 北京

图书在版编目（CIP）数据

无畏向前：精英女性自我实现之路 /（美）卡拉·阿尔维·莱瓦著；孙玲莉译 . -- 北京：中信出版社，2018.7

书名原文：Girl Code

ISBN 978-7-5086-8917-3

Ⅰ. ①无… Ⅱ. ①卡… ②孙… Ⅲ . ①女性—成功心理—通俗读物 Ⅳ . ① B848.4-49

中国版本图书馆 CIP 数据核字（2018）第 089046 号



无畏向前：精英女性自我实现之路

著　　者：[美] 卡拉·阿尔维·莱瓦

译　　者：孙玲莉

出版发行：中信出版集团股份有限公司

（北京市朝阳区惠新东街甲 4 号富盛大厦 2 座　邮编　100029）

承 印 者：北京盛通印刷股份有限公司

开　　本：880mm × 1230mm　1/32　　印　　张：5.5　　字　　数：108 千字

版　　次：2018 年 7 月第 1 版　　印　　次：2018 年 7 月第 1 次印刷

京权图字：01–2018–2931　　广告经营许可证：京朝工商广字第 8087 号

书　　号：ISBN 978–7–5086–8917–3

定　　价：42.00 元

献给每一位梦想点燃激情的女性

你能想象到的一切都是真实的

# 目录

*Contents*

# 序

**女人是一个周而复始的圆。在她里面有创造、孕育和转化的力量。**

——黛安娜·玛丽蔡尔德（*Diane Mariechild*）

2015年夏，纽约布鲁克林的一间公寓内，我坐在客厅书桌前，开始写这本书。就在几个月前，我离开了MTV音乐电视台数字广告部，辞掉年薪几十万美元的工作，全力追寻自己的梦想。从MTV正式辞职之前，我已经是生活教练（life coach）和作家，忙于副业长达6年。此时于我是一个崭新的开始，我全身心投入创业了。这让我既兴奋又恐慌。未来将会怎样，我一无所知。

那时的我绝对想不到，《无畏向前：精英女性自我实现之路》（*Girl Code*）这本书会发展成为一个运动，而且浪潮波及世界各地。来自伦敦、东京、佛罗里达、纽约、芝加哥、巴黎、巴西、迪拜、新泽西等国家和地区的女性读者纷纷将这本书作为个人励志宣言，用于建立真实的姐妹情谊。她们将这本书应用到生活和工作中，并且分享给朋友、同事甚至陌生人。一些人拥抱我，告诉我这本书改变了她们的人生。我还收到许多人发来的电子邮件、手写卡片和短消息，她们觉得终于出现了一个信任她们的人，理解她们，给予她们希望。还有一位读者告诉我，这本书曾将她从自杀边缘救了回来。

这些反馈让我感到自己责任重大。一个个故事都在证明着一个事实——作为女性，我们极度渴望得到支持。虽然经常卷入嫉妒和攀比的情绪旋涡，我们却真心渴望走出来。这些读者的经历也证明，如果我们调整思维模式、转变心态、实践《无畏向前：精英女性自我实现之路》这本书里的方法，就能得到超乎想象的快乐和成功。本书的成功并不意味着我的工作就此结束，而是意味着工作才刚开始。现在，我迫不及待想要接触更多女性，彼此帮助，同心协力，不断成长。

至此，我想读者们一定在想，怎样通过本书获得这些温暖的情感体验呢？如果你是第一次阅读本书，请允许我先介绍一些背景。

我在筹备创业的过程中，接触了很多女性，在我看来她们大体可以分为两类：一类看上去极度好胜、刻薄，性格乖戾；另一类看上去生命力旺盛，总是给予别人帮助和支持，每一天都发自内心地为活着而兴奋与激动。

我会毫不犹豫地选择加入后者的行列，分析她们的行为，吸取其中的正能量，并尝试将她们的价值理念融入自己的生活和事业中。

创业不易，这一点毋庸置疑。即便有最好的商业导师，阅读所有的营销咨讯，观摩无数的网络研讨会，都无法带来什么帮助。真正能让你发生改变的是思维模式，相信自己可以而且一定能成功，除去消极的思想，学会拒绝对自己无益的事情，与积极的、激励人的、言行一致的女性朋友为伴。

说来遗憾，以上每一条实践起来都没那么容易。

大家都知道，嫉妒心强、言语刻薄的女性，名声都不太好。我身边总是见到这样的例子，而且说实话，我曾经也是这样，八卦过别人，也被别人八卦过。其实，这两种情况都让人很痛苦。

为什么女性同胞们总是掉进嫉妒、攀比、消极和刻薄的陷阱里？当我们互相鼓励、成全而不是诋毁、破坏，生活会无比美好，难道没有人发现这一点吗？个中缘由我不清楚，但我确信一件事——另一边的生活更精彩。

2008 年春天，我开始创作名为“香槟饮食”（The Champagne Diet）的博客，记录生活中的转变。作为自我宣泄的出口，这种行为很快变成一种心理疗法。每周我都和读者分享自己的故事，通过每个故事得出一个经验教训。我从自己的痛苦经历中找寻意义，最后渐渐与读者产生联系，当她们也经历转变的时候，我会热情地提供帮助。

每周最新的博文发布以后，世界各地的邮件纷至沓来。我会抽时间给每一位读者回复。有问题的，我尽可能地回答；需要倾诉的，我就侧耳聆听；为自己庆贺成功的，我会做出手握香槟的样子，为之举杯。通过博客，我真实地感受到人际关系的力量。能与来自澳大利亚、英国、瑞典等国家的女性交谈，对我有着非凡的意义。不管出身背景如何，我们拥有同样的恐惧、同样的渴望。我与读者群体之间的交流涌动着能量，这很难付诸文字。我知道，我分享自己的生活，感动了很多女性朋友，而她们分享自己的故事，也同样感动着我。那时还不确定发生的这一切意味着什么，也不清楚这个博客会领我走向哪里，但我知道结果必定不凡。

如今，我成功地将这个博客经营成一份赢利的事业，也获得了职业生活教练（Master Life Coach）的资格认证，并且成为畅销书作家，出版了很多关注女性个人成长的励志类书籍。著名时尚健康类杂志 *Glamour*（英国高端女性时尚周刊）、*Shape*（美国女性健身和美容杂志）、《嘉人》（*Marie Claire*）、《时尚·COSMOPOLITAN》（*Cosmopolitan*）以及世界各地的其他杂志纷纷刊载了关于我的特辑，全美各地的电视节目也邀请我担任嘉宾。此外，我还主持了一档评分很高的播客《心灵时尚》（*Style Your Mind*），以及 Slay Baby Collective 网络社区，将女性的聚会扩展到全球各地。一个默默无闻的小博客，如今正羽翼丰满、蒸蒸日上。

说实话，这些事情对我而言已经不仅仅是一份工作，更是一生的事业，是我的使命和存在的意义。每一天，我的一呼一吸都是为了它。我视自己为这场热火朝天的运动的代言人，而《无畏向前：精英女性自我实现之路》这本书的出现似乎恰逢其时。我觉得这本书触及了某个缺失的，但女性们迫切需要的东西——成功的“秘诀”。回首我过去的经历，这个秘诀一望可知，但在这个忙于创业和职业发展的社会中，互相支持和人际联结的概念却常常被束之高阁。

迄今为止，我已经帮助数千名女性朋友转变思维，朝着更快乐、积极、高效的方向前进，并最终改善了她们的生活和事业。我也辅导过世界各地的女性，尤其喜欢服务女性创业者。我了解那种寻路探索、追逐梦想的感受，了解其他人对自己选择“甘冒风险”的不理解和质疑，了解那种没有成功路线图的迷茫，以及孤独的感受。

我还知道找到一些志同道合的同伴是怎样的感受。这些人愿意分享自己的秘诀，愿意为别人提供机会，有的时候也可能只是把酒言欢、听你倾诉。最令我激动的莫过于看到女性同胞们建立真实自然的联系，结下诚挚的友谊，成为彼此支持系统的一部分。不管是线下的聚会还是线上的网络社区，这一幕都会出现，每一次都让我赞叹不已，也让每一位参与者啧啧称赞。我觉得是早期写博客的经历植根于我的生命中，让我能激励别人。我很早就发现了人际联结的神奇力量，如今也将这种力量带进了工作中。

然而这种情况并不普遍。事实上，来找我寻求指导的女性往往在生活中缺少支持系统。很多读者和客户都有过消极、嫉妒的经历，与同事、女性朋友甚至家人发生过冲突，尤其是在她们义无反顾决定创业的时候。创业的路途并非一帆风顺，会遇到很多挫折和恐惧，来自于那些无法理解和认同的人。在这个过程中，她们迫切需要志同道合的伙伴，一起为成功而庆贺，也真心希望为其他伙伴加油鼓劲。她们懂得联合彼此的力量，知道在生活和事业中，彼此支持是成功不可或缺的一部分。

无论在线下聚会还是线上社区，当看到她们互相沟通，建立起持久的关系，一同从我分享的公开信息里获得智慧和见解，我知道我必须要创作此书。这本书里记载了我在帮助客户成为最好的自己时所使用的方法策略，还分享了我自己是如何建立起一个完全以激励女性为中心的品牌的，这是一个充满励志色彩和纯粹的“女子力”的璀璨世界，其中的故事，我会慢慢道来。

书中还收录了其他优秀女性创业者的访谈，她们也遵循同样的人生法则，而且每一位都影响过我，都是我仰慕的对象。她们在各自的专业领域中都是佼佼者，展示了女性在直面恐惧、树立自信、自我激励时，会取得怎样的成就。她们分享的观点和智慧非常宝贵，她们愿意参与这本书并成为其中的“角色”，令我非常激动。

新版的《无畏向前：精英女性自我实现之路》有两个全新的访谈，我非常高兴能为大家介绍摇滚明星、后垃圾乐队（Garbage）主唱雪莉·曼森（Shirley Manson），以及我的好朋友、温德里希·卡普兰公关公司（Wunderlich Kaplan Communications）创始人、顶级公关格温·温德里希（Gwen Wunderlich）。她们为本书带来了一抹新的色彩，相信你们一定会喜欢。

无论你当前处于职业生涯的哪一个阶段，相信你一定能从本书中收获很多。《无畏向前：精英女性自我实现之路》面向女性创业者、职场女性、兼职创业者，以及任何想要华丽蜕变的女性。本书不会教你如何建立一个价值百万美元的商业帝国、如何在公司节节高升，也不会教你任何系统或操作流程，但会教你如何树立自信心，为你答疑解惑、摒除嫉妒心，最终学会运用沟通联结的力量。毕竟，归根结底，这就是生活和事业的全部意义。

如今的我还是两年前刚开始创作此书时的模样，但也有了很多不一样的地方。我还是会听 20 世纪 80 年代的音乐，手边放一大杯咖啡，但现在的我留着粉色短发，收获了无数的经验，最开心的大概是拥有了自己的出版公司。作为一名曾经自费出版的作者，我无比感恩现在能拥有一个经验丰富、成熟又充满激情的团队，与我一同奔赴使命。再者，如果没有读者的支持，我也不可能取得今天的成就，她们不仅购买了这本书，还共同探讨、践行这本书中的理念和方法。

在此我衷心地表示感谢。如果你是第二次甚或第三次阅读此书，感谢你如此相信我，并且帮助我传播这个信息。如果这是你第一次拿起这本书，感谢你给我一次分享的机会。如果说我从生活中学到了什么，那就是齐心协力，让我们的生活更美好。充斥着残酷竞争的生活其实苍白而惨淡，远比不上姐妹们彼此协作的生活。如果你曾试图从生活和事业中寻找更多意义、更多爱和可能性，亲爱的姐妹，请继续坚持，同心协力，我们一定会找到。

第一章

# 机会无限，没有什么不可以

*Chapter*
*One*

要为人生设立最崇高、最远大的愿景，因为你会成为你所相信的模样。

——奥普拉·温弗瑞（*Oprah Winfrey*）

碧昂斯（Beyoncé）在热门歌曲《女孩们》（*Girls*）里高声唱道："是谁统治世界？女孩们！"谁能反驳她呢？现如今的女性比以往任何时候都更加强大、自立。事实上，自 1997 年以来，女性拥有的企业数量已经实现高达 68% 的惊人增长，2014 年有超过 910 万家企业是女性创立的。这个数字十分庞大，不仅证明了我们取得的成就，也表明了女性企业家有着无限广阔的成功机会。

但很遗憾，女性在很多方面的处境依旧艰难。女性的薪酬普遍没有达到与其能力和成绩相匹配的水平。据 INC.com 的统计数据，女性创业者获得的天使投资占比只有 19%，创业投资只占 6%。即使自己出钱、独立创业，研究表明，提高价格、收取应得的费用对女性创业者而言仍然是一大挑战。现实很残酷，不是吗？

问题远不止资金这么简单。很多向我咨询的客户还挣扎于一些深层次的问题，比如恐惧、不安全感，和一种普遍存在的匮乏心态——担心没有足够的资金和机会。这种心态限制了她们，让她们无力对人生和事业做出积极改变。她们四面受困，认定自己是有限的，最终停留在这种模式里，无法发挥所有的潜能，这不是大家乐于见到的。

所以究竟是怎么回事？更重要的，如何走出这种困境？本书要告诉大家第一条，应该也是最重要的一条信息，也许你需要拿出亮粉色荧光笔标记一下了。这种心态的转变可以改变游戏规则，是助力成功的跳板，因此请注意听！你能取得的成就没有范围边界的限制，你的机会是无限的，而且你有能力去开创自己梦想的生活和事业。

## 一定要从心底相信，一切皆有可能

此时你心里如果有疑惑的声音，“怎样才能做到？”那么你需要知道：你很棒，你本来的样子就很棒。没错，说的就是你。你来到这个世界上，拥有独特的声音、天赋和才能，其他人都不曾有过，也永远无法拥有。现在停下来，用片刻时间沉浸在这样的想法里。不管你是每天叱咤商场的女强人，还是对理想工作完全没有概念的职场小白，要知道，你的身上有十分独特的地方，正好补足这个世界的需要。

你还需要知道，不管你拥有什么天赋，没有人能像你一样发挥这种天赋。女性经常落入攀比的陷阱，“她什么都有”“她更受欢迎”“她挣的钱更多”。我们总是习惯于将自己与其他人做比较，拿别人正在做的事情来苛求自己、贬低自己。这种做法一点儿好处都没有，不仅不会让我们越来越好、越来越聪明以及坚强，相反只会扼杀我们的灵感、热情和创造力，徒留疲惫。这可不是女性成功的秘诀。

现实世界中，成千上万女性的事业都是类似的。但关键词是“类似”，没有人能完全复制另一个人的天赋和才华。越早认识到这一点，就能越快将自己从瘟疫般蔓延在女性群体中的恐惧和不安全感中解救出来。瑟斯博士（Dr. Seuss）曾形象地说道：“今天，你就是你，没有一个事实比这个更真实，也没有一个人活得比你更像你。”我们将这样的道理教给孩子，可为什么不同时在自己心里巩固巩固呢？别担心，接下来我们会明白。

现在你知道自己确实是极好的，下面让我们来谈谈“丰富”这个话题。你有没有在不自觉间凝望过天空？或者，坐飞机的时候从舷窗往外看，惊叹于天空的广阔无垠？我们很容易把自己束缚在小小的茧壳里，以为世界就像家里的后院一样小。如果你和我一样住在布鲁克林，那么我们连后院都没有，只有小小的一方门廊。我们总是陷入流言蜚语、羡慕、嫉妒以及各种各样的消极情绪里，看不见在这个广阔无垠的世界里竟存在着如此多的机会。在阅读本书的时候，我希望你的思维开阔一些，忘掉那些闲言碎语，忘掉不足挂齿的小人和狭隘的思想。要想成为一名强大、成功的女性，你的思维就需要先跨越狭小的门廊。

和客户交流的时候，我会使用一个词语：无限奢华（limitless

luxe）。当思维处在无限丰富的空间里，我们就会明白，愿望应当是无止境的，不管看起来多么宏大而遥远的愿望，都有机会实现。那些一成不变的想法需要抛弃：比如认为我们不可能想要什么就有什么；比如渴望拥有一切的想法是错误的、可耻的、自私的；比如因为别人拥有某个东西，就没有多余的留给我们了。欲望并不可耻，越早拥有欲望，就越接近实现的那一天。

你想要的都有机会实现。和别人分享目标的时候，如果你遇到过“现实一点吧”这类的回应，就知道这趟创业之旅有多么艰难了。一定要提醒自己，别人对于现实的看法只是他们个人的看法，反映出他们的经验、恐惧和信念。而你对现实有自己的看法，它属于你自己，应当如你想象般美好。

有人渴望的现实是拥有私人飞机、价值百万美元的商业帝国和一场环球旅行，这种生活很棒，值得拥有。有人渴望的现实是住在海边小屋，将贝壳串成项链，以此为生，这样也很棒。没有哪一种生活更好，每一个愿望都值得拥有，别人口中的现实不应该对自己产生影响。

这个世界包罗万象，远超出你我的想象。如果你读过我之前的书，就知道我十分信奉吸引力法则（The Law of Attraction），热衷于能量。展望世界需要透过积极的眼光，看到其中的可能性。当你这么做的时候，一个无穷无尽、包罗万象的世界便会出现。如果对自己的梦想给予消极的能量和看法，便是在阻止梦想来到你的生活。姐妹们，要看到酒杯里还有半杯香槟，而且最好还是顶级的唐·培里侬香槟王（Dom Perignon），明白吗？

我决定结束在MTV的全职打工生涯，创立“香槟饮食”品牌的时候，曾花了很长时间默想“无限奢华”这个概念。我每天都会练习，早上醒来以后，闭上眼睛，用几分钟时间想象我渴望的理想生活。在看手机、查邮件之前，甚至从床上起身之前，我会闭上眼睛，深呼吸几次。吸气的时候，在脑海中描绘理想生活的模样：早上醒来，煮一份健康早餐，边喝咖啡边读一些励志名言，然后开始一整天的工作。我会设想手中的工作是有意义的，接触的都是很棒的客户，而且她们会被我深深吸引。呼气的时候，心中一切压力、恐惧和焦虑都被释放出去。那些自我限制的想法，认为自己无法拥有这种生活方式的念头，我也会一并呼出去。有时候，早上我会想象自己坐在飞机头等舱，去往一座新城市录制电视节目；有时候，我会想象自己漫步在香奈儿专卖店，为自己买一只新手袋。这些都是我真实的想法，我并不以此为耻，而且从内心深处相信，这些都会在我的生活中成为现实。我是真的在默想自己梦想的生活。

你猜怎么着？梦想真的变成现实，全部都实现了。

但是，如果我认定这些事是不可能的，那么什么都不会发生。既然这些可以发生在我身上，一定也可以发生在你身上。只要有信心，全身心地相信自己，就能实现梦想。一定要相信，你值得拥有心中渴望的一切，也有足够的潜能获得成功。那些对自己无益的负面情绪，比如自责、愧疚、恐惧、压力，要统统释放出去。

一定要用积极的眼光展望未来，看到其中蕴含的可能性。当你这么做的时候，就开启了一个无穷无尽、包罗万象的世界。

## 她的成功，不等于你的失败

我们一定要摒弃这样的观念，认为其他女性的成功便意味着我们的失败。说真的，看到别人在社交媒体上展示成就，你知道自己心里作何感受吧？我敢打赌，赌上我的香奈儿 2.55 鱼子酱纹大号翻盖包，就算你点赞支持，最初的本能反应里一定夹杂着些许嫉妒。没关系，其实这种感觉很正常。我们总是习惯性地以为，如果别人拥有某样东西，那么留给我们的就变少了。这种思维观念非常普遍，而它离事实真相也非常遥远。

我希望你们能走出这种思维定式，因为在某些方面不如人家有成就，就觉得自己是失败者，这种心态不仅会毁掉你的自信，还会摧毁你的事业。每个人的生命都是独特的风景，你的人生画卷以何种方式展开，不是没有缘由的。拥抱自己的人生旅途，寻找其中的经验教训，要相信万事万物皆有定时，属于你的一定不会错过。

如果你有过这样自愧不如的感觉，我希望你能换一种思路，下次再见到成就非凡的商界女精英，我希望你首先向她表达敬慕，然后设想同样的成功也发生在自己身上。用他人创造的积极能量点燃自己的激情，就算目标完全不同也没关系。还记得我之前提到的默想练习吗？尝试一下，为自己构想一个最完美的结局，想象自己也同样取得了成功，你渴望的就能实现。当你醒悟过来的那一刻，就从狭隘局限的思维中解放出来了。

我还有一个建议，去联系那位成就不凡的女性，和她交流，比如发封邮件表示祝贺，邀请她喝杯咖啡。根据与她的熟识程度，看她是否有时间为你提供一些指导或建议。我们一定要为彼此的关系创造一种新氛围，轻松自如地为身边的姐妹庆贺，并且互相帮助。如果你相信这世界有足够多的机会，为什么不能庆祝别人获得成功呢？

## — 访谈 —

**艾丽西亚 · 迪米凯莱（Alicia DiMichele）**
创业者 / 女老板 / 潮流风向标

我最爱的女性莫过于漂亮时尚、魅力四射又脚踏实地的类型。遇到艾丽西亚 · 迪米凯莱的时候，我立刻被她活力四射的个性和热心肠吸引住了，她不仅自己创业，还出演了 VH1 电视台真人秀节目《暴徒狂妻》（*Mob Wives*）第四季。节目公开了艾丽西亚在婚姻中的挣扎，她的丈夫曾参与犯罪活动，被判入狱。虽然生活种种不如意，她仍然坚持下来，并且向我们证明，一个人的过去无法决定她的未来。我知道我必须要把艾丽西亚写进这本书里，因为她用生活践行了“女性互助，砥砺前行”的原则。现在拿起荧光笔，准备好进入下面的访谈吧。

**请简单介绍一下自己。**

我是艾丽西亚 · 迪米凯莱，一个勤奋努力的创业者、单亲妈妈。我有三个帅气的儿子，我要把他们培养成了不起的绅士。我的整个人生围绕“家庭高过一切”的原则。对员工来说，我是他们的老板，我也真心喜欢以自己名字命名的小店——艾丽西亚 · 迪米凯莱精品店（Alicia DiMichele Boutique）。我花了很多时间寻找款式新颖独特的单品，最近开始自己设计衣服，拥有自己的服装系列，很有设计感，会放在店里和网上销售。可能你也看过真人秀《暴徒狂妻》，那时是我人生中最艰难的时期。后来我决定远离聚光灯，远离节目带来的名气，卸掉过去的包袱，坦然面对生命中的风暴。我就是靠着“直面恐惧，坦然接受，就无所畏惧”这句话一直走到今天的。“女性互助，砥砺前行”是我最喜欢的一句话。现在我努力的方向就是用我的事业、言行和社交媒体给更多人带来积极的影响。

**创立自己的品牌是受到什么启发？**

我是因为读过很多短小精悍的语录，才受到启发，创立自己的品牌，在一些艰难时刻，我会不断用这些语录激励自己。比如第一句是“家庭高过一切”，我能应对这一切是因为我可爱的家人对我无条件的、持续不断的爱和支持。下一句是“无所畏惧”，我后来才明白，要想变得无所畏惧，必须先直面恐惧，现在我可以自豪地说，我是一个无所畏惧的妈妈。还有“为生活而战”，我把自己看成一个战士，因为离婚以后我要独自抚养三个儿子。为了让他们过得好，我要先让他们看到我过得很好。“爱能胜过仇恨”，这是我深信的，爱能治愈一切。“激励”是我最喜欢说的，“女性互助，砥砺前行”，这句话特别美好。能帮助别人、激励别人的女性才是坚强、美丽、自信的女性。

**你的使命宣言是什么？从何而来？**

我的使命宣言是：“这个符号代表了我的一切以及我变成了怎样的女人。这不是终点，而是目标。激励自己，给自己力量，最重要的是爱自己。命运掌握在自己手里。去战斗、去发光、去爱……热爱自己的生活。”这个使命宣言是我在庆祝自己蜕变的时候想到的，到头来，还是最后 7 个字推着我前进。我没有对自己遭遇的那些感到愤怒，我喜欢现在真实的自己，也喜欢自己蜕变后的样子。

**怎么处理嫉妒或攀比的心理？**

如果我嫉妒某个人，说明她们在某个方面启发了我。我不觉得自己在和别人比赛，我喜欢看到别的女性获得成功、变得强大。我相信我们彼此会产生一种联系，而不是互相比较。

**女性需要多些什么？**

女性需要更加自爱，需要学会彼此鼓励。如果你看到她很漂亮，告诉她；如果她是个好妈妈，告诉她；她穿的鞋很酷，告诉她；她瘦了，变漂亮了，也要告诉她。没有比这些鼓励的话更能让人倍受鼓舞了。我们需要重新拥有大家闺秀的气质。

**女性需要少些什么？**

女性需要少些嫉妒和八卦。要知道，你在说别人坏话的时候，只会让自己的形象变糟糕。坚守这句箴言：“口中无善言，沉默也为金。”男人不喜欢大惊小怪、小题大做的女人，非常倒人胃口，这种言行只会显得自己很没有自信。

**现阶段，是什么在激励着你？**

我现阶段的激励来自我自己。我由衷地为自己和自己取得的成就感到骄傲。我给自己定了一些目标，正在逐个实现，没有比这个更能激励我的了。我的三个儿子活泼可爱，而且很出色，我不会让他们失望。

**早晨一般做些什么？**

早起！我绝对是个早起的人，可能也是因为没有别的选择。早上时间短，又要做很多事。我会早早起床，准备孩子们上学带的午餐，清洗碗碟，洗衣服，同时叫他们起床，穿衣服，准备上学。等我的小情人们出门以后，我会有一小段属于自己的时间。倒杯咖啡，打开笔记本，瘫在又大又舒服的床上，花上一小时的时间给店里进货，这是我的最爱。店里的生意因为我挑选的东西维持得很好，单是这一点就让我非常兴奋。早上的时间有限，我很快就会起来洗漱，挑选当天穿的衣服，然后出门去店里。

**怎样平衡家庭和工作？**

家庭和精品店是我人生中最重要的两件事。就像之前说的，儿子们一直是我的头等大事，永远都是。我会保证自己每天早上都在家，在他们出门前亲吻送别，每天晚上都给他们做晚饭。店铺营业前我就会赶到店里，抓紧开门前的几分钟处理生意、整理货品。客人进店以后，我希望专注在她们身上。我知道有些客人希望在店里看到我，我喜欢看到她们发现我在店里的时候，脸上浮现的那种表情。我会和她们聊很久，给她们设计造型。我没有其他合伙人，只有自己，我的生活满满当当，而且我也不会选择其他的生活方式。

**在建立品牌的过程中如何战胜恐惧？**

我相信人生无悔。我做的是自己想做的事情，我对自己和自己的品牌都有规划，而且会拼尽全力。我能战胜恐惧是因为我想实现所有的愿望。如果因为害怕不敢往前，下半辈子都不会知道自己是成功还是失败。我宁愿冒险一试，也好过不停地担心自己能否做到。结果呢，我确实做到了！

**对刚起步的女性创业者，你有什么建议？**

勇往直前。坦然接受自己，相信自己。不管有什么惧怕的事情，都要迎头面对。命运是自己创造的。别畏缩不前，错失美好前程。

## — 附加练习 —

列一个清单，写下自己所有的愿望。

在写之前，我希望你为自己预备一个舒适的、让你充满灵感的地方。一定要是一个人独处、心态平和、安静的时候。

点上蜡烛，倒一杯香槟，或者烹一杯好茶。

闭上眼睛，深呼吸几次。吸气的时候，只想象积极的事情，在脑海中描绘出自己理想生活的清晰画面。呼气的时候，释放所有消极的情绪。

列单子的时候要记得“无限奢华”这个词，你想要的都能够实现。

不要给自己设限，在这个时候勇敢想象吧。

第二章

# 相信自己，你是最特别的你

Chapter

Two

还记得吗，在世界告诉你应该成为谁以前，你是什么模样？

——查尔斯·布可夫斯基（*Charles Bukowski*）

关于如何获得成功，各种声音不绝入耳，方法五花八门。在一天中的任何时刻，通过免费电话、在线讲座、文章、视频网站或个人成长类的书籍，你可以获得很多建议，教你如何成为百万富翁，如何吸引理想客户，如何建立商业帝国。那么多不同的观点、思想流派、经营理念，都在传授“什么对创业有帮助”。下面这些你可能都听过：减少工作量、增加工作量、努力工作、善用巧思、争分夺秒、劳逸结合、建立体系、下放权力、流程恰当到位——这其中当然不乏好建议，但我要跟你们分享的，是所有方法里都缺失的一环：做真实的自己。

这到底是什么意思？什么是真实？根据《韦氏词典》的释义，“真实”的意思是：实际的、真正的，不是抄袭的，不是假的。在你为这个世界做贡献之前，首先要想到，你拥有独一无二的指纹。我之前也说过，你能做的事情，世界上没有其他人能做。即使你和几百万女性拥有同样的职位、同样的商业模式，你的做事方式也是与众不同的。

要相信自己的才华，培养这种思维至关重要。相信自己的才华意味着相信自己的观点、自己的故事、自己言语的力量、自己的直觉和热情。你做的每件事总是出于某种原因，缘于某个事件，或者受到某个独特的灵感启发。当你明白这一点，你所提供给客户和听众的，就是她们闻所未闻，也无法从别人那里得到的，因为你提供给客户和听众的，是你这个人。

但对很多人而言，展现真实的自我很可怕，我明白这种感受。揭开自认为应当呈现的面具，你会变得脆弱。展现真实的自我也意味着风险，比如被评判、嘲笑、拒绝等。但这同时也是一个机会，让真实的自己被爱、被接纳、被倾听，也让其他人有机会与你建立联系，从你身上学习别处没有的东西，这种感觉非常好。

我所做过的每一件事情里都倾注了真实的自己，我写的书都是我的心声，而且我不停地分享，分享的信息也就越来越多。我认为，坦诚地讲述真实的自己，是与别人建立真正联系的唯一方法。如果不愿意向读者敞开自己，写作又有什么意义呢？表里不一的人，能获得什么益处呢？

对我来说，有些事情分享出来十分困难。例如，我没有读完大学。这件事过了很久我才分享出来。其实我一开始从没想过上大学，之所以去是出于母亲的请求，就像大多数母亲一样，她想给我她认为最好的东西。我知道她的出发点是好的，所以妥协了，去纽约城市大学亨特学院报到，做我认为那个时候“应该”做的事。

一进到亨特学院，我就开始找机会申请实习。我喜欢工作，喜欢把日程表安排得满满当当。比起坐在教室里学习，我认为工作更有价值，尤其是当时已经对自己的人生有了规划，想要进入音乐行业。17 岁那年，我找到了第一份实习工作，没有学分，也没有薪水，只是有机会接触到自己痴迷的领域。如果能进入喜欢的行业，离自己感兴趣的领域更近一点，我宁愿从高中辍学，坐火车从布鲁克林到曼哈顿，一连几个小时坐在办公室里把资料塞进档案袋。所以我觉得上大学至少可以给我一个工作的机会，事实也确实如此。我在 J Records 唱片公司和 MTV 都实习过，而且在决定辍学以后，这两家公司都愿意为我提供工作机会。23 岁的我已经是著名音乐人克莱夫·戴维斯（Clive Davis）的执行助理，因为我愿意一天工作 12 个小时，结束在前台的值班工作以后，还留在办公室学习很久。

不过请别误会，我非常认同接受高等教育的重要性。实际上，多年以后我决定考取辅导认证的时候，曾经重返校园，下了好大功夫学习那门课程。当时的我做好了准备，辅导是我想做的、我热爱的事情，我知道需要接受良好的培训才能掌握技巧、出类拔萃。虽然对自己大学肄业的决定感到骄傲，但我绝不会因此否定高等教育的重要性。

之所以分享这件事，是因为开始的时候我害怕告诉别人自己中途辍学。我觉得别人会对我指指点点，因为我没有大学毕业，就失去对我的书和事业的信任。每次提到这个话题，我总是顾左右而言他，转移到让自己更舒服的话题上，比如工作。但随着我越来越成功，我开始意识到，辍学是我人生道路上宝贵经历的一部分。这就是我的经历，我必须承认。正是这样的经历决定了我的人生轨迹和事业方向，我完全不必为此感到难为情。

那么，你要如何才能坦然地做真实的自己？即将点击“发布”按钮的那一刻，怎样克制从心里冒出的自我怀疑？面对询问，清清嗓子，如何避免言不由衷？怎样才能轻松做自己？怎样才能把那些害怕公开的事情说出口？别再拿自己和别人比较了。不要想象自己应该是什么样子，开始做真正的自己吧。

在我们生活的这个世界里，你可以在“比较小镇”待上一整天。早上手捧一杯咖啡，登陆脸谱网（Facebook）或者 Instagram（一款能便捷地分享照片和图片的手机应用软件），然后一发不可收拾，不知不觉间到了晚上 8 点，你还在浏览一个陌生人从 2010 年开始的度假照片。这个镇子是非常奇怪的地方，每一天都在上演无休止的攀比剧目。问题在于，当我们开始注意其他人，便剥夺了自己的才智、创意和动力。看到别人的经历，我们开始把自己批评得一无是处，对自己愈加严厉，然后变得沮丧，失去了原本那份与众不同的潇洒。

那么怎样才能远离这些噪声，专心挖掘自己的才能呢？要学会与自己的思想独处。花些时间从各种社交媒体中抽离出来，关掉浏览器，出去吃顿午餐，安静地洗个泡泡浴，点支蜡烛，或者默想一段时间。屏蔽所有声音、建议、短信、评论，花些时间独处。你的内心和灵魂深处有很多天赋，但首先得有时间和空间去发现。

请记住，你永远无法知道，当你分享自己的故事和真实的自己时，谁的生命会因此而改变。这份坦诚和乐于分享的心会让某人感觉不那么孤独，更加被理解、被激励，这是远超过言语所能表达的。

## 做自己的缪斯女神

**最重要的是，做自己人生的女主角，别做受害者。**

——诺拉·艾芙隆（*Nora Ephron*）

本书里的采访嘉宾都有一个共同点，这也是很多成功的女性创业者身上都有的，当被问起目前激励她们的动力是什么，答案都是她们自己。成功坚强的女性不会坐等灵感撞击，她们自己就是灵感的来源，过往的经历就是她们的强大动力。

回顾自己的人生，我也十分诧异，经过了那么多艰难时刻，我竟然一次次地重建自我。20 多岁是我一个重要的成长阶段，那时候总是没有安全感，自我怀疑，非常痛苦。当时我处在一段恋爱关系中，任由自己被他人操纵摆布，自尊心被撕成碎片，那个男人让我觉得自己一无是处，而他对此不屑一顾。他经常评论我穿的衣服和吃的食物，甚至有一度说除非我减掉 30 磅（13.6 千克），不然绝不会向我求婚。现在回过头看，那时候竟然允许自己被那样对待，这让我觉得无比恶心。你能想象现在的我处在那种关系中吗？我肯定不会。但万事皆有因，以往那些艰难时刻只会造就现在更强大的我。经历过那种艰难的、令人时常困惑的关系，我更加理解挣扎在不健康关系里的女性，而且可以分享自己使用过的策略，帮助她们重建生活，重塑自我价值。

另外，基于我的成长经历，我原本很难生存。我是单亲妈妈抚养长大的，而且大学中途辍学，我的父亲从未出现过。这些因素都很不利，但我的心里仍然有一个熊熊燃烧的渴望，希望自己变得更强大。我知道我有才华、有热情，也知道如果想要在这个世界取得成功，我只能靠自己。我选择成为自己的驱动力，不让过去定义自己；我选择专注积极的一面，从自己的经历中获得力量；我选择书写自己独一无二的故事。

如果你正感觉迷茫，希望有个导师或者正面的榜样，要知道，你的内心深处拥有激励自己的一切力量。往灵魂深处探寻，召唤出自己的力量，推动自己前行。回顾自己曾经克服的阻碍，用那些经历向自己证明，你想做的事情、想要的成长，都能实现。

## 创造属于自己的渴望

相信自己的直觉，不要让别人的意见成为你对自己的看法。

——莎拉 · 杰西卡 · 帕克（*Sarah Jessica Parker*）

在女性创业群体中，我看到的最让我感到失望的一件事，就是很多人花费大量时间精力，试图模仿一些看似成功的案例。很多事业在我看来都明显贴着“不真实”的标签，模式千篇一律，却被当作通往成功的路线图。她们以为只要一步步按照路线图走，就能创造财富，获得成功。真是大错特错！成功没有路线图，也没有绝对的保证，模仿别人的工作只是在浪费所有人的时间，尤其是浪费自己的时间。

想一想那些吸引你的女性商界精英，可以断言，她们每一位所做的事情都是独一无二、与众不同的。如果有 20 个人，她们的事业看上去、听上去、做起来都一模一样，我很怀疑你会对她们表示羡慕。我相信赢得大家赞赏的一定是那位走在最前面、开辟道路、向世界展示真实自我的人，是那个有独特气质的人。有一种性感叫“做自己”，真实坦诚会带来魔力。我们都会被自然的感觉吸引，勉强、不自然的感觉没有吸引力。

我刚开始做生活教练的时候，并没有什么路线图可以遵循。我开了一个博客——“香槟饮食”，如果按照一般的规则，我应该把名字改成“卡拉的女性人生辅导”，或者其他无聊的名字。实际上开始创业的时候，我已经把 CoachingByCara.com（卡拉辅导 .com）的域名买下来了，因为有那么一瞬间，我在考虑是不是要用这个域名。当时我一定迫切需要一杯香槟，上帝知道那种名字可真不是我的风格。

创业早期阶段，我选择了商务指导师，因为我想要吸收知识，向那些“风云人物”学习，当时的我就是这么想的。我花了几千美元，还用我的401（k）计划[①]抵押贷款，付了课程的费用，就为了让自己全副武装，抓住每一次让事业步入“正轨”的机会。我永远不会忘记那一天，与第一个商务指导师面对面坐下，她递给我一份写满销售话术的文件，两页纸的文件上面密密麻麻，都是干巴巴的对话，我的五脏六腑都不舒服了。她让我把上面的话读出来，又重复演示了一遍与客户的对话，假装我正完成一个单子。我觉得非常尴尬。那天我走出她的办公室，发誓再也不会听从那样的意见了。

那次经历以后，我做事都是凭直觉。我决定把自己心里想的事情创造出来，那些我希望会存在的事情。我听取读者的建议，观察她们需要什么，留意客户的提示，寻找用自己的技能和性格可以填补的窟窿。不管是写作还是演讲，我只用自己的口吻，并不需要考虑自己作为作家和生活教练应该怎么说话。

在这个行业里，我留意到一件重要的事情：咨询行业有很多生活教练和商务教练（business coach），但是这两个群体之间缺少连接的桥梁。很多女性朋友找到我，认为自己遇到工作上的问题，需要辅导，但实际上她们面对的问题根源并不在于工作。如果你认为和前男友之间没有解决的问题不会影响工作，那你就需要三思了；如果你认为你与肥胖的抗争不会影响自己的底线，那你就错了。首先作为女性，我们就有很多问题要解决，然后才能谈创业的问题。

---

① 401（k）计划是美国一种特殊的退休计划，可以享受税收优惠。——编者注

由此我发现了一个特别的市场：有才华、有创意、有天赋的职业女性急需有人帮助她们转变思维，从恐惧、没有安全感、缺乏自信中走出来，学习赞美自己本来的样子。我用自己的个人经历和职业生涯中学习到的技能，引导她们走过那段艰难的旅程。事实证明，这种方法取得了非凡的成效。

直至今日，我已经帮助数千名女性创造了自己的“香槟人生”，不管是个人生活还是事业层面。通过写博客、出书、上电视节目和辅导课程，我用自己独特的方法帮助那些女性接纳和赞美自己，有活力地生活，更加开心，更加成功，实现个人成长。这种方法非常有吸引力，现在被许多客户和媒体竞相追逐，我的书也因此登上畅销榜单，工作坊（workshop）一票难求，我参加的电视节目也在全美各地播出。

为什么这种方法能成功？因为它是属于我自己的。如果我只是复制别人的想法，就不会像现在这样。这种方法之所以成功，是因为它来自于我自己的想法。同样，你的方法也只会对你自己有效果。

别再花那么多时间观察别人了。从别人那里获得灵感，和转换整个商业模式模仿别人，这两者中间只有一步之遥。学着相信自己的才华，跟着自己的感觉走，相信自己有很棒的东西可以与世界分享，而且是与众不同的，你真的拥有。

在本章末尾，我有一些超棒的小练习要分享给你，帮助你把想法付诸行动。不管什么时候，这些方法都可以帮你重启大脑，挖掘才华潜能，拥抱美丽的自己。

## — 访谈 —

**雪莉 · 曼森**
后垃圾乐队主唱

1996年，一个染着红色头发、穿着短靴的女子闯入我的世界，她叫雪莉·曼森。我永远忘不了那一天，我看到《傻女孩》（*Stupid Girl*）这首歌的音乐视频，来自一支名叫后垃圾的新乐队。我当时心想："这是什么乐队？为什么现在才出现？"这是我人生中第一次感觉到被理解，雪莉的出现深深地引起了我的共鸣。她的前卫、才华和魅力令我倾倒，她像是一个秘密导师，带我认识另类摇滚，也为女性照亮了一条通往强大的自我的道路，这不是件容易的事情，尤其是在20世纪90年代的音乐行业。

这些年我一直是后垃圾乐队的忠实听众，现在我的手机里还有一个叫作"女子力"的播放列表，里面95%都是后垃圾乐队的歌。他们的新专辑《奇怪的小鸟》（*Strange Little Birds*），我百听不厌。但是看完雪莉近期一系列的采访以后，我意识到，雪莉还有另外一面是我深深认同且尊重的，远不止她的音乐。她慷慨激昂地为女性权利发声，揭露社会强加在女性身上的压力，即不切实际地希望女性保持美丽，并且强调什么是真正的自信。她是女性群体的捍卫者，是一股真正的力量。

雪莉在这些话题上的立场点燃了我内心深处的火苗。从青少年时起，我就一直梦想着采访她，发表在杂志上，直到后来在音乐行业工作时，也依然渴望有采访她的机会。但是生活变幻莫测，我的职业生涯曲曲折折。虽然发生了很多变化，但是现在我激动地宣布，采访雪莉·曼森的梦想终于实现了——在20年以后，以一种更美、更好、更令人瞩目的方式实现了，这是我从未想到的。

我非常兴奋能把采访收录在这本书里，让雪莉成为这本书的一部分。她真实、质朴，同时也是脆弱的。我已经迫不及待想跟大家分享了，她一直激励着我，希望也能激励你们。

**你总是坚定地做让自己幸福的事，遵循自己的直觉，这一点一直激励着我。这些年你是怎样建立起这种决心的？**

我还在努力了解什么事能让自己幸福。很遗憾，我不认为幸福是我们领受的礼物。幸福是我们选择踏上的征途，需要我们自己去探索。现在我还在努力割掉野草，炸掉岩石，除掉路途中的拦阻。我认为幸福需要坚持不懈，时刻警醒，需要自制力，需要努力，很多很多努力。时刻不停，每日不休。

**对于无法认同你的音乐愿景和艺术生涯的人，如何抵抗他们所带来的阻力？**

说实话，我不知道我的抵抗力是从哪儿来的。我知道自己有这种抵抗力，在最需要的时候就会出现，这对我也是一个谜。我想这种力量是来源于蔑视和天生的叛逆，还来自于母亲灌输给我的自信，相信自己的道德判断，或者用一个不太恰当的词——精神指南针。我相信自己认为对的事情，而且每次都是凭着这种直觉。如果我失去精神指南针，就和死了一样，我不会选择那么做的。

**听你抨击社会将不切实际的期望强加在女性身上，我非常赞赏，尤其是在外貌方面。女性应当怎样应对这种“强加”呢？**

如果我知道这个问题的答案，大概就能拿诺贝尔和平奖了。我只是一个艺术工作者，没有具体答案，但是我知道要从我们的习惯和子女教育上入手。说起来很容易，但实际做起来需要打破几个世纪以来文化中固有的旧习、刻板看法和偏见。怎样打破父权制，创造一个对所有人都有利的平等制度？我希望我知道这个问题的答案。我所知道的就是，一个人的人生不应该由她的外表来定义——我也是这样告诉我所爱的女性朋友们的。你不只是一个外壳，你还有头脑、精神和灵魂。你所做的事情、所爱的人，都是你存在于这个世界的证明。要好好记得这一点。

**你有什么具有仪式感的个人习俗？有什么是生活中离不开的？**

我没有这种个人习俗，不相信这些。我的生活离不开家人、朋友和我的狗，其他的都无关紧要。

**女性需要多些什么？**

对自己的价值有真实的、确切的自信。

**女性需要少些什么？**

深深地执迷于让别人觉得自己有吸引力。

**现阶段，是什么在激励着你？**

投身于社会活动。有些人愿意真心为他人的幸福着想，他们离开舒适的生活环境，投入时间和精力，置身于危险中，只为了改善同胞的生存环境或帮助那些身陷困境的人。

**对于那些虽然困难，但仍然努力让自己变得真实的女性，你有什么建议？**

我其实不认为真实是一件很难做到的事，我觉得虚假才更困难，所以不要犹豫，放弃伪装吧。这样你晚上会睡得更好，不会再磨牙、反酸，也不会再咬指甲了。你会不断地绽放、成长。我可以保证，你的生命会扩张到一个新的境界。

**你的个人口头禅是什么？**

活在当下。这是我的口头禅。

## — 附加练习 —

### 节制社交媒体的使用

这绝对是我最重要的一条建议。社交媒体的使用是扩张事业的一大利器，但也能迅速地反噬你，把你生吞活剥。当你觉得自己像一列疯狂的火车难以控制时，一定要休息一下，远离社交媒体。休息的时间可以提前计划好，需要的话甚至可以排进你的日程表里。关上浏览器，把手机调到静音，诸如此类。留出两个小时或者三天的休息时间，不管多久，一定要转变思维，从“人比人气死人”和“万念俱灰”的模式里走出来。

什么时候打算在日程表里新建一个“节制社交媒体的使用”的选项？你会采用什么样的休息方式？

### 冥想

冥想不一定是在地板上打坐，口中念念有词。冥想的意思很简单，清空大脑，专注在积极的、肯定性的想法上。冥想可以挖掘出最单纯的想法，接触到最真实的自己，除此以外没有更好的方法了。每天空出 10 分钟，待在一个安静的地方，深呼吸。设计一句激励自己的口头禅，让自己产生自豪感，比如“我足够好”“我很完美”“我的故事很有价值”。

你会在什么时候冥想？你的口头禅是什么？

## 创造属于自己的渴望

别再四处打探别人在做什么了，想一想有什么心愿是你希望已经成真的。你要倾诉什么故事，创造出怎样的产品？不要试图模仿别人成功的创业模式，从我们自己的渴望中寻找创意，施展心中的魔法吧。

你能创造些什么？你的创造会对别人有什么帮助？

第三章

# 人脉共享，资源总是留给互助的人

*Chapter*
*Three*

不愿意互相帮助的女人，地狱里有专门的位置留给她们。

——马德琳·奥尔布赖特（*Madeleine Albright*）

对女性企业家而言，人脉是其成功不可或缺的一部分。道理很简单，因为女人团结在一起更有力量。没有理由要独自走创业这条路。借助人脉的力量，共享信息，真诚地帮助他人，学会这些，你的世界将充满机遇与满足感，远远好过独来独往。

我一直是个给予者。大家经常把自己的简历发给我，我也经常贡献出自己的通讯录，介绍人脉，牵线搭桥。读者的来信我都会回复，社交媒体上的评论我也会尽量回复。我喜欢激励女性同胞，帮助她们迈向成功。在我看来，智慧不应该一人独享，这大概是因为我的自信心根基很牢固。还记得“无限奢华”这个概念吗？这个世界足够大，亲爱的，足以让你实现梦想。既然如此，为什么不多与别人分享呢？

自私吝啬的女人，肯定不会按照这本书里的秘诀来与他人建立关系。她们其实不明白，帮助别人的同时，自己也在成长。这是在向世界传递一个强有力的信息：我自信满满，能帮助其他人取得成功，就算没有任何回报也无所谓。

不过，请别误解我，我不是说你可以榨干别人的所有资源。我当然不认同滥用人际关系，也不认同“伸手党”的做法。人与人的相处之道始终应当是一条互惠的双行道。别人辛辛苦苦建立起来的人脉资源，你不能指望他全部拿出来分享；别人的成功和洞见来之不易，你也不能想当然地以为自己可以蹭走。不过，这里有个微妙的平衡点：在你觉得舒服的范围内，用你觉得自在的方式，分享自己的所得，激励他人。

我的经验法则只有一个：跟着感觉走。如果寻求帮助对你来说是很自然的事，那就去做吧；如果分享与提供帮助对你来说是很自然的事，也去做吧。当情况开始变得不那么让人自在，或者感觉不太好了，这时候完全可以注重这些感受，而且必须重视自己的感受。激励别人应该是一种很棒的感觉。如果你觉得不舒服，是时候重新评估自己的行动，做出改变了。

如果你是那个寻求帮助的人，请一定要思考，你怎样才能回报帮助你的那个人。想不出自己能帮上什么忙？再想一想吧！戴上思考的王冠，构思一些超棒的方法，给予力所能及的帮助——只有想不到，没有做不到。如果你真的有心无力，问个简单的问题，“有什么我可以帮助你的吗”也会带来奇妙的效果。

## 协作还是竞争

还记得第一章里说的吗？这个世界足够广阔，尽管去追求成功和幸福吧。这是一个普遍适用的丰盛法则，它可以证明，我们完全没有理由互相竞争。竞争绝对是20世纪90年代的主题了。赶紧进化，学习彼此协作吧。

在我的职业生涯中，最精彩的几次经历都和协作有关。人多力量大，女性同胞们一定要明白，创业就像过山车般跌宕起伏，没有必要独自乘坐。经营事业本身已经高处不胜寒了，为什么还要和别的女性竞争，把自己隔绝开呢？向身边的人咨询，构思一些方法，彼此分享、合作，互帮互助。

最近我在纽约举办了一场活动，主办方还包括另外三位我很喜欢的生活教练，瑞秋·卢娜（Rachel Luna）、凯莉·琳恩·亚当斯（Kelly Lynn Adams）和詹·斯卡利亚（Jenn Scalia）。这个活动是专为女性企业家举办的灵感之夜，主题是策划和交流。当我和一个朋友说起我们共同举办这个活动，他表示不能理解，我怎么会和竞争对手一起合作。我哈哈大笑，我也不能理解他怎么会把我们视为竞争对手。瑞秋和凯莉是我多年的好朋友，一路上我们彼此扶持，互相加油鼓劲。詹和我之前并不认识，不过我非常信任瑞秋和凯莉，我知道她们带来的合作伙伴一定是积极正面的人，而詹确实是这样的。

我们不都是生活教练吗？没错。我们的工作不都是为女性解决生活和事业问题吗？没错。从专业方面讲，我们可以称为竞争对手。但我们都知道，我们所提供的辅导方法和技巧都是独特的、与众不同的。我们的偏好不一样，辅导风格也不一样。而且我们都相信，客户找到我们是基于我们真实的、独特的个性，而且这个世界上的成功机会如此丰富，供应我们几个人绰绰有余。也可以这么说，我们的香槟酒杯是满溢的状态。既然有足够的香槟供应，就不会有人口渴。

我们的活动反响热烈。灵感之夜的每一个环节都倾注了我们的爱和正能量，每一位参与者都觉得遇见了更好的自己。在这个夜晚结下的友谊会伴随一生。那些迸发的灵感和达成的合作，让每一个参加活动的人都觉得不虚此行。我们的活动就是一个证据，当女性互相协作而非竞争的时候，大山都可以被移走。

接下来我会介绍两位嘉宾，她们不仅在事业上所向披靡，同时也是我认识的最慷慨大方、体贴周到、乐于助人的女性，来自 She Winks 工作室（女性睫毛工作室）的拉蒙娜·索拉（Ramona Solages）和朱莉·梅拉（Julie Mella）。在分享她们的专访之前，我想先说说我们是怎么认识的，这个过程也说明了协作和友谊在生活与事业中的重要性。

认识她们是在今年早些时候，当时我在准备一系列电视采访，迫切需要找到一个干净、时尚、高档的地方，做人生第一次的貂毛睫毛嫁接。不了解我的人请允许我自己爆个料，我对于美容院和 SPA 的清洁度和技师手法不是一般的挑剔，所以在搜索睫毛嫁接工作室的时候可是做足了功课，这一点你要相信。哪怕有一点点凑合的地方我都不会去，而且我在寻找能提供一两杯香槟酒的超高档的场所，帮助我闭上眼睛一个小时。

然后我走进了 She Winks 工作室。

一走进去，我就知道这里是“香槟饮食”的最佳拍档。店里的墙上印着可可·香奈儿和玛丽莲·梦露的名言；进入前厅，上方悬挂着巨大的枝形吊灯，粉色搭配黑色的装修风格，到处布置着闪闪发亮的物品。来对了地方，这感觉就像中了大奖一样。

不仅装修华丽有品位，我的造型师史黛西也超棒，做完睫毛以后的我看起来像个洋娃娃，而且持续了好几个月。她真的很专业。

回到家以后，我立刻搜索 She Winks 工作室的相关信息，因为我自己也做生意，如此优秀的品牌不管是谁在经营，我都必须要建立联系。我觉得这个品牌代表着某种精神，让我瞬间就产生了激情。做完睫毛以后，我还没坐上返程的车，就已经筹划着要和她们合作点儿什么了。我在网上详细了解了拉蒙娜和朱莉，我知道必须要亲自见见她们，了解她们更多的故事。于是我给她们发了邮件，她们回复了。几小时以后，我们计划见个面。

一见到她们，就感觉我们像是认识很多年的老朋友。她们的活力和热情非常有感染力，让你一直想要和她们待在一起。她们坦诚分享，而且善于鼓励别人。喝完几杯鸡尾酒之后，我们开始分享各自的故事和创业经过。我们聊了过去的成功，也分享了自己的艰难时刻，其中有一个主题不停地出现，就是女性创业群体中缺少支持的力量。我们谈到与其他女性商人见面是多么不容易，而且很难有一个论坛，可以公开讨论那天晚上我们聊到的话题。我们发现了一个需求，而且决定把这个需求公开提出来。几个小时以后，一场筹备会在 She Winks 工作室召开了——我们决定共同举办一场主题为“无所畏惧 · 无与伦比”的盛夏晚宴。

你瞧，这就是几个积极性高涨的女性聚在房间里喝完几杯酒发生的事情。绝对是天才之作！

四个星期以后，晚宴盛大举行。仅仅用“成功”已经不足以描述这个活动了。我们齐聚在一起，房间里云集着抱负远大、活力四射的女性企业家，她们来到这里预备好要互相学习、彼此协作、相互支持。

我朗读了我的书《无畏心，非凡美》(*Fearless and Fabulous*)中的部分内容，并且和朱莉、拉蒙娜带领大家一起讨论。随着香槟酒在杯中轻轻晃动，进门时还是陌生人的女人们，开始分享自己的故事和经历，彼此建立起关系。这再一次证明，在一个正面积极、激励人心的环境里，女人团聚在一起就是力量，大山都可以被移走。

那个晚上像是一场旋风席卷而来，到现在我还是觉得一定是有魔力在其中。参加晚宴的姐妹们给我和拉蒙娜、朱莉发来无数封邮件，感谢我们举办了这个活动，央求我们告知下一次活动的时间。

我认为，那个晚上之所以如此特别，其中一个原因就是我们之间的协作。我们分享了自己独一无二的故事与能量，创造出一个夜晚为之庆祝。如果将同样的原则应用到你的事业中，可以创造些什么呢？用几分钟的时间来进行头脑风暴，然后继续往下阅读 She Winks 工作室创始人的独家访谈吧。

## — 访谈 —

**朱莉·梅拉和拉蒙娜·索拉**
She Winks 工作室创始人

### 创办 She Winks 是受到什么启发？

She Winks 的灵感来源于我们内心对生活更多的渴望，虽然有很多人说我们做不到，但我们相信自己一定会成功。

### She Winks 的使命宣言是什么？

接纳自己天生的长相，我们绝不会想要改变它。She Winks 是在已有的自然美的基础上进行提高。

### 怎样处理嫉妒或竞争的心理？

认清我们没有那样的天赋，我们不是为了赚很多钱，或者争当第一，我们是为了完成梦想。希望有一天，我们可以理直气壮地称自己为企业家，虽然很多人认为我们做不到。

### 在创业道路上，你认为对女性企业家最重要的是什么？

建立信心和进行祷告。不管你信仰什么，全心全意地相信。通过祷告，寻求指引，你会听到答案。还需要很有胆量，把消极的、挡道的人统统赶走。

**女性需要多些什么？**

我还是想说“胆量”，不过还是用“信心”代替吧，相信自己。还有团队合作，彼此激励；寻求帮助，不要孤军奋战。进展不顺利的时候可以大哭一场，不属于我们的东西要果断放手。

**女性需要少些什么？**

1. 不要刁钻刻薄，与其他女性合作，可以从中得到帮助，何乐而不为？

2. 消除不安全感，不要听从消极的声音说你不行，你可以的。

3. 杜绝找借口，别再顾影自怜了好吗？

4. 远离嫉妒，别人拥有的你也可以拥有，就算不能得到更多，那有什么可以嫉妒的呢？

**现阶段，是什么在激励着你？**

看到女性成长，团结在一起互相帮助。知道能向其他女性企业家寻求指引，这一点很让人欣慰。我们成长的经历中不曾有过这样的体验，所以觉得这很振奋人心。

**创立这个品牌时，你是怎样克服恐惧的？**

我们的信仰使我们相信，我们一路被引导着走在正确的方向上，而且相信将来有一天，或许某个年轻的女孩会因为我们做的事情受到鼓励，也踏上这条道路。这让我们心中充满勇气，恐惧自然就没有容身之处了。

**对刚开始创业的女性朋友，你会给她们什么建议？**

牢记自己的梦想，别让任何人阻挡你实现梦想。然后，你还需要一点儿运气，那就诚心地祷告吧。

第四章

# 直面恐惧，畏首畏尾只会裹足不前

*Chapter*
*Four*

畏首畏尾，危险更多。

——埃丽卡·琼（*Erica Jong*）

谈到创业、经营事业，就绕不开内心恐惧的话题，对吗？针对这个话题我曾经写过一本书——《无畏心，非凡美》，推荐大家阅读。不过我想有必要先给大家上个速成班——如何在生活和事业中做到无所畏惧。因为当我们学会与恐惧相伴前行，就能一往无前。

客户来我这儿接受辅导之前，我都会问她们一些问题，其中一个就是“为什么觉得自己坚持不下去了？”几乎 99% 的客户会回答，因为害怕。害怕失败，害怕被人说三道四，害怕自己不够好，害怕资金不够，害怕利润不多，害怕客户很少，甚至害怕自己过于开心，乐极生悲……如此种种，不胜枚举。恐惧披着各式各样的外衣，但没有一件是讨人喜欢的。很多时候，我们甚至意识不到，我们在很多方面停滞不前，正是恐惧在背后作祟。

我在《无畏心，非凡美》一书中写道：“如果不存在失败，就不会有恐惧。太多人因为害怕失败而裹足不前，甚至从未迈出过第一步，永远无法向自己证明，开启新的征程是多么勇敢、多么神奇的事情。”

如果我们重新定义失败呢？如果我们试着把每种状况都看成是成长的机会呢？看看你崇拜的每一位商界女强人，我相信她们失败的次数绝对会让你印象深刻。事实上，我很愿意向你介绍一些著名的“失败人士”，她们都证明了，勇于尝试往往伴随着失败，甚至是屡次失败。

《哈利·波特》（*Harry Potter*）系列的作者J.K. 罗琳（J.K. Rowling）就是其中之一，失败是她引以为傲的勋章。虽然现在她是世界上为数不多白手起家的亿万富翁之一，但是她也经历过很多次失败，并且坚定地认为正是那些失败把她塑造成今天的模样。她坦承自己一度是最大的失败者，婚姻破碎，穷困潦倒，失业在家。虽然最终凭借《哈利·波特》系列大获成功，但书稿在正式出版之前曾被拒绝过 12 次。

罗琳经常公开谈论恐惧和失败，她曾在哈佛大学 2008 年的毕业典礼上发表演讲，如果你还没看过，强烈推荐你尽快观看（要准备些纸巾，真的很催泪）。整个演讲非常鼓舞人心，在这里我节选了自己非常有共鸣的部分，我想你也同样会被触动：

什么是失败？这个问题的答案最终需要我们自己决定，但如果你愿意，这个世界相当渴望赠送你一套标准。所以公平地讲，按照任何传统标准衡量，在我毕业仅仅 7 年的日子里，我的失败是史诗级的：一场异常短暂的婚姻破裂了，我没有工作，独自一人带着孩子，是当代英国贫穷潦倒的典范，只差还没有无家可归罢了。父母曾经对我的担忧，我对自己的担忧，全部成为现实。按照常规标准来看，我是自己所见过的最大的失败者。

此刻我站在这里，不是想告诉你失败很好玩，那是我生命中的一段黑暗时期，虽然结局被媒体描述得像童话故事一般，但当时我并不知道能有什么解决方法。我也不知道这条失败的隧道还有多长，在相当长的一段时间里，任何所谓黑暗尽头的光明都只是一个希望，而不是亲眼所见的现实。

那么，为什么我要谈论失败的好处呢？原因很简单，因为失败意味着剥掉无关紧要的东西。我就是我，不再伪装成其他的样子，开始全神贯注地完成唯一我认为重要的工作。如果真的在其他领域成功了，我可能永远不会有决心，坚守在真正属于自己的舞台上并取得成功。我获得了自由，因为我最恐惧的已经发生了，而我还活着，有一个钟爱的女儿，一台旧打字机和一个宏大的想法（指创作《哈利·波特》）。所以，人生最低谷成了我重建生活的坚实基础。

你可能永远不会失败到我这种程度，但生活中有些失败是不可避免的。毫无挫折的人生是不真实的，除非你活得谨小慎微、如履薄冰，这样倒不如从来没有活过，或者放弃生活，直接宣告失败。

失败赋予我内心安全感，这不是通过考试可以得到的；失败教会我看清自己，这是我用其他任何方法都学不到的。我发现自己有坚强的意志，比想象中更有自制力；我还发现，我拥有比红宝石更珍贵的朋友。

经历挫折以后，你发现自己变得更有智慧、更坚强，这就意味着从今往后，不用再担心自己的生存能力。如果不在逆境中经受考验，你永远无法真正认识自己，无法明白身边的关系有多么坚固。这样的认知才是真正的礼物，虽然经历痛苦才能得到，但比我获得的任何学历文凭都更有价值。

——*J. K.* 罗琳

有过失败经历的名人可不止罗琳一个。你知道吗？《服饰与美容》杂志（*Vogue*）美国版主编安娜·温图尔（Anna Wintour）曾任职《时尚芭莎》（*BAZAAR*）初级时装编辑，9 个月后因为照片太前卫被炒鱿鱼；奥普拉曾在巴尔的摩 WJZ－TV 电视台担任晚间新闻记者，因为外表不够上镜被调岗；嘎嘎小姐（Lady Gaga）签约第一家唱片公司后，三个月便遭解约；1947 年，玛丽莲·梦露签约 20 世纪福克斯电影公司刚满一年便被解约，因为制作人认为她没有魅力，而且不会演戏。我不知道你是什么情况，但这些女性是我心目中的偶像，连她们都有过如此经历，你也不应该把自己看作例外。如果她们任由这些失败成为人生障碍，不去努力实现自己的梦想，想一想结果又会怎样呢？

总而言之，要坚持不懈，让热情成为你的驱动力。只要还有热情，就不会失败，这个世界不会拒绝心怀热情的人。专注于自己所热爱的，不要放弃，相信一定会有人认同你。

请记住，一种方法不成功并不意味着另一种方法也行不通。深呼吸，然后重整旗鼓，继续前行。怀疑自己的时候，就向奥普拉、梦露学习，如果有她们做伴，我很乐意称自己为失败者。

## 只要有信念，就不会失败

> **成功人士和其他人的区别在于，他们花费在顾影自怜上的时间几乎为零。**
>
> **——芭芭拉·柯克兰（*Barbara Corcoran*）**

以上那些有过失败经历的名人已经向我们证明，失败是成功的必经之路。如果你没失败过，那么实际上你可能没取得过什么显著的成就。在失败的女性创业者身上，我发现最大的问题在于，她们失败之后便一蹶不振。我懂，那种感觉糟透了。我们认为很棒的点子最后却没有奏效，这不是什么有意思的事儿，就像被从粉色云端踹了下来，很痛。但你还是得踩着细高跟鞋，拍拍身上的灰尘，重新站起来，继续往前走。

下一次再自怨自艾，感觉要开一个自怜派对，邀请脑袋里那些细小恶毒的声音来参加的时候，我希望你做出一些新的尝试。不管是伤心、沮丧还是其他什么情绪，先不用着急走出来，花一些时间去感受。但是要为这种糟糕的感觉设定一个期限，告诉自己“此刻我可以感觉很糟糕，但是15分钟以后，我要振作起来，继续行动。”把自己从哀怨的沼泽里拉出来的最好办法，就是采取一些积极的行动。创意被拒了？给自己倒上一杯香槟，拿出漂亮的笔记本，开始策划新的方案吧。理想的客户没谈拢？穿上最喜欢的衣服，预约去做美甲，或者大吃一顿，和店里遇到的人搭个话吧。别忘记带名片——你永远不知道下一个理想客户会是谁。

请记住，自怜派对上可没有香槟酒供应。所以，把握当下，涂上唇彩，继续出发吧。

## 学会享受过程，哪怕充满恐惧

> 要敢于冒险，这一点非常重要。我认为提前调查研究虽然也很重要，但最终做事的时候还是要凭直觉和感受，要担起风险，无所畏惧。
>
> ——安娜·温图尔

作为女性，把创业作为职业规划需要很多条件，比如离开舒适区，把事业摆在首位。坦诚地说，待在舒适区真的太简单了，这里没有伤害，自由自在。但是你知道有什么比这种感觉更棒吗？走出舒适区，突破极限，向自己证明你可以活出精彩的人生。以前认为自己永远都做不到的事情，如今正变成现实；你不再恐惧，而是勇敢面对，迎难而上；本来很可怕的环境，开始转变为成长和学习的绝佳机会；你终于凭借内心真正的热爱战胜了恐惧。

对我来说，走出舒适区面对的最恐惧的一件事，是追求我的电视直播梦。想象一下那幅画面，你会出冷汗吗？我会。

上镜之前的准备非常烦琐复杂：先是大声宣告我要开始追逐梦想，有时候“开始”可能是最困难的一步；然后聘请节目指导教我入门，撰写节目宣传语，接受传媒训练；接下来是寻找目标市场，发无数封邮件向制作人推销自己，拼命工作，这样才负担得起飞到全国各地的机票钱（事业起步阶段可没人给你报销），还要自己预定所有行程；直到真正走到直播间，一边出现在电视机屏幕上，一边在心中暗暗祈祷。我还没说过我害怕坐飞机吧？光是想到这些就觉得疲惫不堪。

但是你知道吗？如果有机会重来，我还是会做出同样的选择。那些无眠的夜晚，一天之内在同一座城市降落又起飞的疲惫感，那种直面恐惧的感觉，都是值得的。工作中付出的辛劳只会让成功更加甜美，不是吗？如果从一开始就感恩自己拥有这些机会，不知不觉恐惧就退到一旁了。

现在开始为自己想想吧。你要如何享受过程，甚至是有点可怕的过程？怎样才能坦然接受生命中的高峰、低谷和中间地带？怎样才能召唤出强大的女老板气魄，痛击那些恐惧的感觉呢？怎样才能在生活和事业中真正活出属于你的精彩呢？

亲爱的，秘诀在于：让恐惧下场，换感恩上台。

研究表明，当我们转向感恩的心态，就可以改变负能量，增加幸福感，从而使身心更加健康。专注在值得感恩的事情上，这是我们能给自己的最好的礼物。当恐惧不再掌舵，我们便立即从压力、焦虑的状态中解脱出来。

## 让恐惧下场，换感恩上台

在准备从 MTV 辞职的那段时间里，我不断地从广播里听到神韵乐队（The Verve）的那首《甘苦交响曲》（*Bitter Sweet Symphony*）。或许你也听过，这首歌发表于 1997 年，但是出于某种原因，它在 2014 年才频繁地出现在我面前。你也许不太了解我，其实音乐是我的第二语言。歌词是我生活的动力，有时候，歌曲的前奏和弦就足以让我热泪盈眶了。因此，这首《甘苦交响曲》不断出现的时候，我就开始认真地聆听，渐渐地把它和自己的生活现状联系在一起。

这首歌的歌词击中了我的内心。歌词描述了一种无能为力、陷入困境的感受，一种被束缚而无法活出自我的状态，一种极度渴望探索自己的路却被困住而难以做出选择的挣扎。根据歌曲含义网站（SongMeanings.com）上的说明，这首歌讲述的是在无法掌控的环境下，无力改变自己的行为和生活，犹如困兽之斗。这首歌传递了一种绝望感，眼看着时间逐渐流逝，挣扎着却无法掌控和塑造自己的人生，在想走的路与不得不走的路之间徘徊，陷入无休止的矛盾。

什么？这就是我的生活啊。每一天都是如此。

这首歌的歌词内涵虽然令人沮丧，但旋律却是上扬的，充满力量，很像一首交响曲。我想这也是它最初吸引我的原因。我不是词曲作者，但我猜测这种设计是有意为之，为了产生情感上的对立，引起听众的注意。

想到这首歌引发了我强烈的共鸣，我便下载下来，每天早晨在上班的路上听，在心里跟着一起唱。这首歌成了独属于我的无畏赞歌，我想象着在正式辞职的那一天播放这首歌，然后永远告别这份朝九晚五的工作，仿佛是电影的最后一幕。你是不是也喜欢幻想这样的场景？

2014 年 10 月 10 日，这一幕终于上演了（不幸的是，我没有扩音器，只能用 iPod 听，不过效果差不多）。走进百老汇大街 1515 号曼哈顿大楼 48 层的下行电梯，我按下了播放键。我戴着耳机，把音量调到最大，下楼叫了一辆出租车，坐车离去，用最大音量播放着属于我自己的励志之歌。

终场落幕。

几个星期以后，我在健身房，再次听到这首歌，泪水突然涌出眼眶。这首歌勾起了我的回忆，我已经走了这么远，感受到无比的自由，而且真正变得无所畏惧了。

我强烈建议你也找到这样的音乐，可以让你感觉所向披靡。我经常收藏一些激励自己的歌曲，我发现不管是准备电视直播、候机还是准备去见辅导客户，听这些充满力量的歌曲都很有帮助。它们开启了我的无畏模式，似乎可以应对生活抛来的任何困境。

## — 访谈 —

**阿德里安娜·博什（Adrienne Bosh）**
“闪耀吧宝贝”（Sparkle and Shine Darling）时尚精品店创始人

大约一年前，一个朋友发短信给我，说阿德里安娜·博什在 Instagram 上推送了我的书。我立刻奔到电脑前，上网搜索、浏览了她所有的分享，很美好，很鼓励人。坦白说，我不是体育迷，所以当时并不知道阿德里安娜嫁给了前迈阿密热火队的球星克里斯·博什（Chris Bosh）。这并不妨碍我对她的欣赏，因为她是我见过的最甜美、最谦逊的女性。她通过非营利性机构以及全新的精品店“闪耀吧宝贝”，帮助女性找到自己的最佳状态。虽然丈夫是著名的 NBA 球员，阿德里安娜仍然闯出一条自己的路，证明了只需要热情和智慧，梦想就能成真。

我们虽然结交的时间不长，但一路上互相支持彼此的事业，能把她写进这本书，我特别开心。下面就请看对这位创业者的采访，一定要记得去迈阿密逛逛“闪耀吧宝贝”精品店！

**请简单介绍一下自己。**

我已经为人妻，为人母，有三个孩子，也是一个女性企业家，目前在经营自己的第一家精品店。我工作努力，生活充实。我想用自己做的一切工作告诉其他女性，我们可以成为自己想象中的样子。成功没有捷径，也没有唯一正确的标准。我相信，你所经历的每件事都让你离成功更近。因此，要对自己的梦想有一个清晰的认知——如果找不到，就创造一个。你有能力书写自己的人生故事。怀疑自己的时候，就再多努力一点，命运总会给勤奋的人最好的回报。

**我知道你激励女性的方法有好几种，创办“闪耀吧宝贝”精品店以及“今天我可以”母亲节活动是受到什么启发呢？**

“闪耀吧宝贝”是一个让女性欢聚的空间，它的意义已经远远超越了商店本身。为了庆祝我 29 岁生日，我的丈夫和最好的朋友在法国巴黎为我举办了一个优雅的屋顶茶会，在那里可以欣赏到埃菲尔铁塔，视觉效果惊艳。和最亲爱的家人朋友一起庆祝，我永远不会忘记那种纯粹的喜悦。那次旅行让我受益良多，也重新赋予了我力量。回到美国迈阿密的家里，我明白自己希望所有女性都可以像我那天一样，感觉到自己是特别的。“闪耀吧宝贝”精品店就是我实现这个想法的途径。这里是女性的避风港湾，供大家聚在一起庆祝、购物、休闲放松，应有尽有，这样当她们离开的时候，就可以焕发活力，得到支持和鼓励。

“今天我可以”母亲节活动的灵感是来源于我对所有母亲的感激。我们很容易被别人的看法左右，或是陷入完全失控的事情里。“今天我可以”这样一个概念是为了让女性重新聚焦在自己能做的事情上。每天为自己设立一个目标，这是迈向理想生活的第一步。妈妈们真的很无私，我希望在她们的重要节日——母亲节这一天，对她们表示感谢与鼓励。母亲节这天的活动让我看到了一幅更宽广的画面，这些妈妈们都有远大的目标，只要努力工作，一步一个脚印，我知道没有什么能够阻止她们实现梦想。

**你的使命宣言是什么？**

我想，是“无悔人生”。你可能已经在我的社交媒体上看到这个主题标签了。随着年纪渐长，我也变得越来越自在，学会了欣赏那些让自己开心的东西。其他人怎么评价我，根本不重要。我现在还会穿蓬蓬的公主裙，因为对我来说，这代表着“从此和身穿闪亮盔甲的骑士幸福地生活在一起”。我全力支持你独特的爱好、梦想，以及一切让你成为自己的事情。不要因为担心别人的看法，错过那些幸福的时刻。

**你不仅经营自己的事业，身为母亲也十分忙碌。具有多重身份的你面临过哪些挑战？**

一天 24 小时永远不够用！我总是想要更多，这也是驱使我不断超越极限的动力，这样才能实现我的目标。同时应付很多事情，管理自己的时间也很困难。但是说实话，母亲的角色一直是排在第一位的，这一点毫无疑问。我的丈夫和孩子们很支持我追求梦想。一路走来，他们总是陪伴在我身边。我开始明白，就算我没法做好所有的事情也没关系。我可以制订计划，但是如果孩子需要我，计划可能就要改变。每一天都是新的，所以我只管尽力往前走，不断成长，跟随大家的脚步。母亲这个角色真的赋予了我一种特殊的能力，与世界各地的妈妈们产生某种联系。事实上，我们全都面临着大大小小的挑战，认识到这一点，我总是情不自禁地想要帮助别人。我喜欢随手行善，小小的善意之举可能会让某个人的一天晴朗多一些，困难少一些。现在我的最新作品就是“闪耀吧宝贝”精品店，这里会成为女性聚会、庆祝生活的精彩空间。不管她们经历了或美好或糟糕的一天，这里都是一个好去处，轻啜一杯香槟，放下一切，享受当下。

**早晨一般做些什么？**

我是属“猫头鹰”的，晚上家人睡了以后，我才有机会赶上一些事情的进度，所以我每天晚上的睡眠时间比较短。早上我一般首先处理邮件和短信，然后花些时间和丈夫孩子在一起，之后我们就各自离开，忙各自的事情。不管这一天有什么在等着我，我都努力用积极的态度去应对。

**怎样克服恐惧？**

我会唤醒自己心里的碧昂斯，让热情战胜恐惧。你知道吗，有句话叫“感受恐惧，然后只管去做”。恐惧不是真实存在的。没错，恐惧是一种感觉，不是有形有体的东西，只要拥有积极的思想和行动，我们就可以无所畏惧。这一点需要每天提醒自己。我认为大多数时候，我们感受到的恐惧其实是害怕失败。但换一个角度想，失败其实是一个机会。我们应该感激失败，而不是害怕失败，因为失败会带出很好的事情。每一次失败都让我们离成功更近一步。当怀疑悄然侵入的时候，我还有一个强大的支持系统，家人和朋友让我更有信心。我鼓励你们好好审视身边的人，让积极的、鼓励支持你的人环绕在自己周围。他们会提醒你，你很强大，无所畏惧的生活有多么美好。

**现阶段，是什么在激励着你？**

世界各地每一位强大的、热情的女性每一天都在激励着我。很多人都能取得些许成就，但我真正羡慕的是那些被打倒又重新站起来的女性。她们从自己的经历中吸取教训，从不放弃。这种决心和全力以赴的精神令她们散发出一种魅力，非常激励我。

**怎样保持前进的动力？**

我会一直铭记自己的主要目标，更宏大的憧憬，这也是我一开始创业的动机。我觉得达到顶峰之前的那段旅程往往是最困难的。这时候，如果回头看自己的起点和已经走过的路，就会有动力到达山顶了。就我个人而言，我喜欢制作“梦想剪贴板”，收集那些激励人心的语录。这些语录会提醒我为什么要做这些事情，尤其是在我不堪重负、失去耐心的时候。我的丈夫和孩子也是我的动力。每天早上，孩子们醒来开始新的一天、学习新东西的时候，总是那么兴奋。我也看到丈夫为了梦想，为了达到今天的高度付出了多少努力。我们彼此激励，成为彼此的动力，这就是家人的作用。我和朋友们也努力保持密切的联系。不管我们之间的距离是近是远，我们的群聊里总是充满幽默和爱。我们互相关心着对方，提醒着彼此，我们能够拥有彼此真的太幸运了。

**你对想要创业的女性朋友有什么建议？**

首先，永不言弃。我开始创业旅程的时候，有两个很大的剪贴板，前后贴满了语录、笔记和创意，或是从拼趣网站（Pinterest）收集，或是从杂志上剪下。这些构成了“闪耀吧宝贝”精品店的蓝图。仅仅一年多的时间，我就有了新的避风港湾，亮晶晶的吊灯和华丽的地板为它增添了许多光彩。那些剪贴板上的内容变成了现实。当你开始这段旅程时，不要害怕任何问题。总会有新的东西需要学习。要与积极的人在一起，他们会推着你往前走、挑战你；不管你的想法听起来多么疯狂，他们都会信任你。另外，最重要的是，相信自己。你是自己最棒的啦啦队队长。很多人会指出你的缺点和不足，因此不要再成为其中的一员了。自始至终，要相信自己的决定，不后悔。感觉胜于言语，因此跟着感觉走，不要让其他人改变你的设想。全力以赴去实现它吧。还要记得，要一次又一次地爱上自己，爱上自己的想法和热情。亲爱的，你的美丽无人能复制。

## — 附加练习 —

你会怎样翻转失败，让失败对自己有所帮助?

列举生活和工作中的三次失败经历，以及从中吸取的教训。

第五章

# 无视流言，说三道四的人不足为惧

*Chapter Five*

为什么给它伤害自己的机会呢？……看到这些我总是会产生同理心。我对自己说："唉，他们今天肯定经历了什么"……可是我们得忽略否定的声音，保持积极的态度。

——嘎嘎小姐

成功一定会伴随着一件事，就是遭遇恶语和反对。不要指望自己可以置身事外，可以不用经历这些。如果你没有收到过不客气的回复，相信我，它已经在路上了。它的到来会彻底摇动你的决心，打破你的平静，给你重重一击，让你从粉色云端坠落。但是我的经验表明，这些人的存在是有原因的。他们通常是很重要的老师，教导我们耐心和坚强，帮助我们感恩那些无条件爱我们、支持我们、绝对不会纠正我们语法的人（除非我们的语法真的太烂）。这一章里，我会为你提供超棒的策略，帮助你踩着高跟鞋重新站起来，不管他们说了什么、做了什么，你都毫不畏惧。

社交媒体为粗鲁无礼、自以为是的人们提供了一个批评别人的平台。他们在大庭广众之下，大肆抨击你的拼写错误、语法问题、个人风格、外表长相和你发表的信息内容。他们对你评头论足、指手画脚，而且毫无悔意。所有这些，我通通经历过，真的很难受。那么，作为一个女老板，面对火力全开的恶语要做什么呢？引用泰勒·斯威夫特（Taylor Swift）的一句歌词——“通通甩掉”（Shake it off）。

我曾一度对这种事情非常敏感。我可能会收到 10 条正面评论和 1 条负面评论，然后好几个小时，甚至好几天都因为这 1 条负面评论而闷闷不乐。我不能理解，为什么有些人如此刻薄。为什么他们不认同我的信息？为什么他们不理解我？为什么他们觉得可以这样攻击我，而且是在我的社交媒体页面上，让全世界都看到呢？

首先，你要明白，每一个骂别人的人，自己都很痛苦。他们不开心，没有安全感，很有可能在某些方面受过伤害，可这并不能给他们折磨你的权利。我可以打包票，如果你在读这本书，你从来没有伤害过别人，还是会有很多人这么做。有很多人在生活中是受害者的身份，但受伤的人也会伤害别人。他们将自己的问题归咎于这个世界，有时候甚至会怪到你头上。是你对他们做了什么吗？完全不是。但是有时候，我们只是做自己，就会惹怒别人。

对付这些没有安全感的、不开心的人，也就是诋毁者，我希望你能记住一个词：优雅。按照定义，优雅意味着行为高雅或是举止高贵。我花了很长时间，才成长为可以用优雅应对诋毁的女人。我之前说过，我来自布鲁克林，吃苦耐劳，也急躁易怒。母亲独自抚养我长大，坚强得令人难以置信，她教我永远不要忍受任何人的恶劣对待。所以，我的脾气有点儿像炮仗，一点就着。问题在于，当你持续处于防御的状态时，就会变得强硬、被动，而且很容易就会开始激烈的争辩攻击，而这些通常是没有必要的。

那么，怎样才能在生活和工作中变得优雅呢？可不可以召唤出优雅，把心中的炮仗关在门外？我给自己和客户的建议是这样的——先冷静思考一下。思考一下你想如何反应，想想事后有什么样的感觉，要知道你完全可以掌控自己的反应。不必总是带着情绪去面对，你可以忽略那些评论，随它去吧，这样也是可以的。

以前我经常处在一种自我防御的状态，觉得每一个负面评论、每一次讽刺挖苦都需要反驳。后来我意识到，99% 的时候都是在浪费我的时间和精力。我可以用这些时间来做一些对自己、对事业有帮助的事情。猜猜怎么着？如果你需要说服才能让别人喜欢你、理解你，可能他们根本就不值得你这么做。

当然，有时候我内心的炮仗也会被点燃，因为我觉得需要澄清一些事情，或者需要让某人知道他开始失控了，不过我已经爱上社交媒体平台上的“屏蔽”和“删除”按钮了。而且坦白说，我宁愿自己先按下这些键，也不愿意被他们“屏蔽”和“删除”。

## 优雅面对恶语相向者

> **一旦你出名了，脸皮要厚，记性不要太好。连特蕾莎修女都有诋毁者。**
>
> **——我伟大的妈妈**

所以究竟发生了什么，好像一切都分崩离析了？遭遇恶语和负面评论的时候，很难专注、继续发挥创造力？就像我一直在说的，你只需要去到被爱的地方。不要把注意力放在那些不支持你的人身上，聚焦于那些支持你的人，到欢迎你的人群中来。

如果你的事业已经开始一段时间了，我建议你收藏一些来自客户的“情书”。收集一些称赞你、激励你的邮件、私信和短消息，把它们打印出来，还可以使用你放在网站上进行推广的客户评价。把它们装在漂亮的文件夹里，放在方便的地方，当你需要动力的时候，就拿出来看看。

如果你的事业刚刚起步，还没有收到“情书”，就自己给自己写一封吧！创造一个美丽、静谧的环境，尽情发挥。如果提起笔来觉得卡壳，或者尴尬，可以先列个清单，把自己正面积极的品质写下来。然后，慢慢将这些作为素材写进给自己的信里。找一张精致的信纸，或者卡片，挂在办公桌附近，可以经常看到。刚开始可能会觉得有点奇怪，但是自我欣赏很重要，你要学会适应。有时候，等不及其他人来称赞我们，所以就先自己动手吧。

## 不安全感导致竞争，自信带来能量

如果觉得被抄袭了，就请记住，人们只能去你去过的地方，他们完全不知道你接下来要往哪里走。

——莉兹·兰格（*Liz Lange*）

说实在的，当你的作品出现在公众视野中时，就面临着被抄袭的风险，可能会有人使用你的文字、图片和品牌设计。每一次我发现自己被抄了，就会引出那个问题：模仿真的是一种最真诚的恭维吗？诚实地说，我感觉糟透了。这种行为很恶劣，很恶心，我一点儿也不觉得这是恭维。

在此我要提醒大家注意，灵感与模仿不一样。我们都会从彼此身上获得启发，如果有人觉得我的品牌以积极的方式影响到自己，我觉得这是好事。不过，要是有人用和我一模一样的措辞，整段地复制、抄袭我的销售文案、原创照片，把我的话当成自己的，这就不能接受了。

做生意需要创造、革新，不断往复。你会不断地遇到抄袭者，所以得学会提前走一步。如果有一项重要技能是所有女性创业者需要锻炼的，我认为就是迅速反应的能力。同时，如果每次别人抄袭你的品牌，都足以对你造成致命一击，那么你就不应该做生意。选择对手要明智，知道是否以及何时点燃内心的炮仗。

大约一年前，我注意到某个人把自己的品牌改得和我的非常相像。前几年我关注过她，她的信息和品牌一直很稳定。但是突然间，她开始使用和我一样的字体、配色，甚至是同样的广告语，而不只是一两个词。开始我并没有在意，但是坦白讲，我想不明白。我那么努力地建立自己的品牌，也非常热爱我创造的这一切，这种感觉就像有人走进我的家里，拿走了我最引以为傲的财产。我觉得自己受到了侵犯。我的丈夫随后也注意到她的抄袭，我向他表达了我的不安，但是他让我先保持平静，我应该专注在更重要的事情上。他说得非常对，但这件事还是让我很生气。

几个星期过去了，我试图不去在意那个人，把它看成巧合，但是对方抄袭得非常明显，其他人也来告诉我。你知道吗，有种心情叫“那人竟然跟我撞衫”。当时这句话从我的脑海闪过。只是，撞的不是衣服，而是我的谋生之道。

我想先声明一点，我并不生那个女人的气，因为我并不希望有什么糟糕的事发生在她身上。相反，我祝福她能取得成功。我只是感到很受伤，而且对我拼命建立起的事业有极强的保护欲。同时，我也有些为她难过，如果这样说得通的话。我试图用怜悯的眼光看待这件事，提醒自己她显然是很喜欢我的作品，才想要和我一样。她缺乏创造力和自己的想法。所以，很自然地，我一开始会像熊妈妈一样产生保护欲，但是后来确实在试图冷静地看待此事，把自我放在一旁。这也是为什么在这件事情上，我会表现出前后不一的态度。

虽然感到被侵犯、沮丧，但是接下来我的举动连自己都觉得讶异。没有气愤、困惑，我决定鼓励她。我决定支持她和她传递的信息，在我有共鸣的博文下面真诚地点赞、评论，传递正能量。我不愿意在心里对这个女人带着负面情绪。我总是说，不安全感带来竞争，自信带来鼓励。为什么我要和这个女人竞争呢？我对自己和自己的工作非常有自信。我知道我所做的事没有其他人能做，没有其他人可以模仿我的方式。所以，我知道在这种时刻需要鼓励。就像我丈夫提醒的，我有更重要的事情要做。更何况，闲坐着无所事事，对别人的举动满腔怒火，这不是我想要的生活。

从我向那个女人传递正能量的那一刻起，慢慢地，她竟然开始回到自己原来的品牌设计风格了。她的博文也转回原来的信息，甚至网站也用回以前旧的配色方案了。说真的，我完全无法相信。直到今天，我还是不明白她那时候为什么换回去了，但是我知道对于我们两人来说，这是最好的结局。我不再为有人模仿我的品牌设计而烦恼，她也学会相信自己的才华，展现自己的美。请记住，没有人能完全像你一样。传递真实，做最好的自己，其他的就随风而去吧。

## — 访谈 —

| |
|---|
| **瑞秋 · 卢娜**<br>畅销书作家，生活教练 |

认识瑞秋是在几年前，正如大多数网上结识的朋友一样，我们都记不清楚具体是怎么认识的了。但是我们一拍即合，迅速成为网友，在此后一段时间内成为彼此重要的支持者。我们已经合作了几个项目，邀请彼此参与自己的书或播客，最近的一次合作是在纽约的一个直播活动策划，那也是我们第一次见面。不出所料，在线下见面以后，我们的关系变得更牢固了，我们共同度过了一个充满欢笑、鼓励的夜晚，分享了很多霞多丽干白（好吧，最后一部分说的其实是我自己）。

这本书能有瑞秋加入，令我十分激动，因为我们都亲身践行着同一个理念，女性团结一致会更强大。在帮助女性获得生活和生意的自信上，瑞秋具有十分专业的能力，所以仔细阅读，准备好被激励吧！

**请简单介绍一下自己。**

这个问题总感觉很有诱导性，不过说几个重点：我是波多黎各人，在纽约长大，父母在我很小的时候就因艾滋病去世了。我曾经抑郁、饮食失调、酗酒、严重自卑。大家一致认为，我很有可能活不下来。虽然生命中有过创伤，但我知道我活着是要做大事的，要为这个世界带来巨大影响，改变其他人的生命。我不确定自己为什么知道，但内心深处总是有这种感觉。

在寻找自我的过程中，我加入了美国海军陆战队，服役10年，曾被派往伊拉克。我从宾州州立大学企业管理专业毕业，然后出版《成功人士的CRAP（勇气、韧性、真实、毅力）：振作追梦分步指南》[*Successful People Are Full of C.R.A.P.（Courage，Resilience，Authenticity，Perseverance）：A Step - by - Step Guide to Getting It Together and Achieving Your Dreams*]，这本书曾荣登亚马逊网站畅销榜。因为坚韧的精神，我开始收到全球各地的演讲邀请，在一些国家级刊物上也有我的专访，比如《成功》杂志（*Success*），《拉丁人》杂志（*Latina*）以及《赫芬顿邮报》（*Huffington Post*）。

现在我非常喜欢帮助女性创业者创造更多的商业利润。我的秘密武器是结合消费者的心理制订营销计划，我会使用高水平的辅导经验、幽静舒适的修养地和一些强大的在线课程，利用这些提升她们的信心和营业收入。

### 开始做生活教练是受到什么启发？

最初，我是通过一个叫《从头再来》（*Starting Over*）的电视节目了解到生活教练这个职业的。这个节目挑选了一些女性，生活在同一个房子里，由生活教练帮助她们改变生活。我完全被迷住了。在我看来，这份工作简直就是这个星球上最酷的职业，跟一群女性坐在一起，给她们提供建议，帮助她们彻底改变人生。当时我才 23 岁，完全不知道从哪里开始学习。那时候谷歌搜索还没有流行起来。

几年以后，我人在德国，以为自己一生都会和我男朋友一起度过，然而却发现他其实是个幸福的已婚人士，一切都分崩离析了。那是一个警钟，提醒我要振作起来。当时，我体重超标，债务累计超过 4 万美元，虽然我年薪有 10 万美元。说真的，那时我的人生简直一团糟。

我聘用了一位生活教练，她完全改变了我的人生。辅导开始后不久，教练对我说："瑞秋，你有没有考虑过以后成为生活教练？你的故事很吸引人，虽然经历了这么多挑战，但你依然成功了。我觉得你会是一个很棒的教练。"

我愣住了，半天才反应过来："你疯了吧？我不可能做生活教练辅导别人。我自己的生活都一团糟，还没把自己安顿好，我肯定没办法帮助别人振作起来。"

教练笑了笑，说道："好吧，现在你还不能，但是一旦你振作起来，就没问题了。大家会愿意听你的，因为你有过同样的经历。她们会信任你，因为你很真实，而且你很清楚经历艰难再做出改变是怎样一个过程。这就够了。"我紧紧抓住这些话，把自己从泥潭中拉出来，成为了各地女性改变自我的榜样。大约一年以后，我从事生活教练的工作，拿到了证书，后面的事大家都知道了。

既然这本书叫作《无畏向前：精英女性自我实现之路》，我觉得有必要坦承一些之前没有公开承认过的事情。在我努力振作之后几年里，其实完全违背了本书的原则，我回头找了那个已婚的男朋友。我可以为此找各种借口，但事实上，我还是那个受伤的、没有安全感、自私的女孩。我还不明白，做一个自信、有安全感、无私的女性意味着什么。

现在，我的人生致力于扶持、鼓励其他的女性，我希望通过分享我真实的故事，虽然很艰难，来鼓励你们找到真实的自我。我们本应用自己糟糕的经历来传递积极的信息，却总是因为过去犯的错而一遍一遍地惩罚着自己。

**你的使命宣言是什么？**

不可思议的是，我没有什么使命宣言。我的核心使命是帮助尽可能多的人。但是我的使命会随着人生的不同阶段发生变化。我不认为每个人只有一个人生目的。我相信我们在不同的时期被赋予了不同的使命，我们的人生目的是每个时期所作所为的积累。

**有没有嫉妒过别的女性？如果有，是怎么处理这种情绪的？**

啊，是的，我嫉妒过别人。过去的大半辈子我都在嫉妒别的女性。年轻的时候我会说“我宁愿结交异性朋友”或者“和同性相比，我和异性相处得更好”。我嫉妒高挑纤瘦的女孩，舞蹈课上，她们的足尖能绷出完美的拱弧。我嫉妒我的好朋友，因为她家比我家有钱，能买得起名牌设计师的服装。我嫉妒我的妹妹，因为她可以随心所欲地进进出出，而我就得拿着大门钥匙，放学后只能在家里待着。我上的是女子高中，那时候嫉妒班上那些聪明的女孩，她们从来不用功学习，却能拿到 A。还有谁不是我嫉妒的对象？

我开始自己创业以后，嫉妒心并没有就此终止，甚至变得更厉害了。“她的网站比我的好看”“她的宣传材料比我的好”“她的客户名单比我的长”“她挣的钱多，可以雇更多员工”“她的脸谱网粉丝比我多”，诸如此类。

有一天，我对自己的这种状态彻底厌烦了，知道是时候改变自己了。我知道这个问题一直存在于我心里。在我的一生中，这些女人并没有对我做过什么。她们只是在做自己，过她们的生活，向着她们的目标前进。所以，我问自己：“为什么我会那么受影响？”

答案很简单：因为她们做的事情我也想做，却一直暗示自己做不到。

“我永远瘦不下来。”

“我永远买不起那些昂贵的设计师定制款衣服。”

“我永远拿不到全优的成绩。”

“我的网站做不到那么好。”

“我的文案写得很烂。”

“大家不会关注我，因为我没有她好。”

对外，我告诉全世界我是个积极的人，但内心深处，我却充满了自我怀疑和不安全感。这让我感到十分疲惫。我很生气，决定不再做这样的人。我下定决心，如果想要拥有她们有的东西，就要振作起来，满怀希望地去行动。有不明白的事情，我会用谷歌搜索寻找答案。雇不起员工，我会用一些东西交换。每个问题都有答案，每个难题都有解决方法。我下定决心，每天采取行动，直到弄清楚所有问题。

我可以撒谎，告诉你我从来没有感觉到一丝嫉妒，不会时不时地对某个明艳动人的女性产生嫉妒，但我不会这么说。这些时刻很短暂，当它们来临的时候，我会暂停下来。我会用许多年前的那个问题问自己，“为什么我会受影响？”然后发疯似地寻找答案，让我的世界重回正确的轨道。

当你由衷地对自己的世界感到满足，就不可能再有嫉妒的情绪。

我还发现，为别的女性祝贺，每天随机地给予陌生人赞美，有助于我理解一位女性为努力做到最好所付出的辛苦努力。她们微笑，我也微笑，为彼此祝福的时候，我们的心都在闪耀。虽然不知道彼此的名字，但我们互相扶持。

**在创业道路上，你认为对女性企业家最重要的是什么？**

除了需要有其他女性企业家作为伙伴，还需要不可撼动的自信。如果你想获得更高的利润，对世界产生更大的影响，就需要拥有独特的才华。要相信自己的决定，你对自己越有自信，别人就会越相信你。

**你的一天是什么样的？**

和大多数创业者一样，每一天都是不同的。我的一天通常是从清晨5点开始的（如果犯懒的话就是6点），起床以后做个人清洁，然后下楼煮咖啡，打开所有门窗，向地平线眺望。

清晨时光对我而言非常珍贵。打开门窗对我有象征性的意义，意味着让旧事出去，让房间充满新鲜空气，有一个新的开始；向外眺望地平线，是提醒自己，今天我的机遇是无限的。

然后喝杯咖啡，拿出笔记本，花20~30分钟写日记，我会在每页的开头写下一些数字，代表我做事的进度，记录这些的重点在于建立一个清单。所以每天早上，我会简单地在每页开头记下时间，记录我的订阅清单上有多少客户；到了启动阶段，我会在这个清单上加上销售数字。我深信，有跟踪有计算，成交额就会不断增长。

记完日记以后，我会拿出“自信日程表”——这是我自己建的，所以很有偏向性，是我的生活必需品——查看日程。如果有必要，就发几封邮件，但是不会在这时候查看邮件。我还会大致写一些东西，是准备当天发布在社交媒体上的。根据天气情况，我可能会锻炼一会儿。

早上我还会抽出时间冥想。如果冥想中很有感念，我会开个直播，分享当天的信息，或者播放一首赞美诗歌。有些人因为这个批评过我，认为我是一个企业家，不应该谈论上帝，但我是基督徒，这是我使命的一部分。不管什么种族、肤色、信仰、宗派、性取向的人，在我的世界里都是百分之百受欢迎的，我绝对不会有任何评判的眼光。我不会为任何人改变自己，也不会要求任何人为我而改变。

6 点 45 分，我丈夫准备出门，在他离开之前我会亲吻、拥抱他，然后让我的女儿们起床准备上学。孩子们准备上学前的这个过程会持续到早上 9 点。

然后，我就开车去办公室。我发现创业的前五年在家办公虽然很好，但是我越来越感觉孤独，渴望组织，渴望社交。办公场所能让我把工作和家庭生活分开，也给我提供了一个环境，和志同道合的企业家在一起。

我之前说过，每一天都是不同的，而且我特别喜欢"主题日"的概念。周一早上 10 点是和团队开会的时间，也是我的写作日，在这一天余下的时间我会写博文、写邮件，创作下一本书。周二和周四是接待客户和电话辅导的时间；周三是采访和录制播客的时间；周五是开放的，这一天我会每隔 45 分钟休息一下，让大脑保持活力。

下午 4 点，我就停止工作，去接女儿们放学，然后一家人围坐在饭桌旁吃晚饭。饭后我会检查她们的家庭作业，然后一起玩棋类游戏或卡片游戏。游戏结束后，我和丈夫一般会看 Bravo TV 生活电视台的节目。我喜欢里面所有的家庭主妇。受我的影响，我丈夫也迷上了这个节目。不管你怎么评论，我觉得这样挺好的。

晚上 8 点，我们开始准备睡觉：洗澡，换睡衣，讲睡前故事。到 9 点半，如果一切正常，孩子们已经入睡了，我和丈夫才算是有了专属于我们两人的时间。

大概 10 点钟，我会做睡前祷告，然后进入梦乡。

**怎样保持前进的动力？**

我深信所谓动力只是一种短暂的精神状态，因为我患过抑郁症，现在偶尔还会复发，所以我极少依赖动力。我会集中注意力在我想做的事上，认真聆听内心的想法。有时候我确实什么都不想做，那时候我会自省，问自己一些问题：为什么我什么都不想做？有什么事情触动我了吗？我是否感到难过、抓狂、不安、灰心丧气？是不是有人说了什么、做了什么，才让我有这种感觉？我是不是在某个地方犯了错误，现在不敢承担后果？我是不是过度劳累？是否需要自我调理？

我会一个接一个地问问题，直到找到满意的答案。很多时候，我会听一段播客，或者出去走一走，放松一下。

**现阶段，是什么在激励着你？**

听上去有些陈词滥调，但活着本身就是我的动力。我这么说，是因为再过几个月就到我的37岁生日了，我的母亲正是在这个年纪去世的。

听上去有些像傻话，但是每天早上我都会松一口气，因为还能活着见到新的一天。我的母亲非常有活力，因此被家人和朋友亲切地唤作“维瓦”（在西班牙语里是“有生命力”的意思）。我觉得我欠母亲的，所以要尽我所能享受她赐予我的每一天。

这是我的动力，去做、去看、去拥有一切，不仅是为我自己，也是为了激励其他人。

**创立这个品牌的时候是怎样克服恐惧的？**

与克服恐惧相比，其实更重要的是面对。我每一天都直面自己的恐惧，在我取得的每一项成就里，恐惧从没有缺席过。但是，就算恐惧，我依然不会停止行动。我的经验是，当你直面恐惧时，就会发现其实在现实生活中，恐惧并没有你想象的那样大而可畏。

**你对刚开始创业的女性朋友有什么建议？**

自信像肌肉一样，需要每天锻炼。去做让你恐惧的事情，因为做得越多，你就会越自信。你对自己越自信，别人也会更加相信你。

第六章

# 保持平衡，做自己最忠诚的支持者

*Chapter*
*Six*

11

志存高远，努力拼搏，深切关注你所相信的事情。跌倒了，不失信心；被击败了，马上站起来。绝不要听信任何人告诉你的不能继续、不应该继续的话。

——希拉里·克林顿（*Hillary Clinton*）

想要幸福健康、事业成功，周遭的环境是一个重要因素。如果身边环绕着带有负面情绪的、吸食能量的“吸血鬼”，你的目标只会遥不可及。要想坚持下去，发展一个理想的团队很关键。这个团队不一定包含你最好的朋友，也不需要有很多人。有时候，最能支持和激励你的人往往出现在最不起眼的地方，比如你的内心深处。

或许你已经注意到，在通往成功的路上，往往会触犯一些人——我说的可不只是陌生人。你可能已经听过一些表面恭维、实则嘲讽的话，或者负面的评论以及亲朋好友直言不讳的反对。不幸的是，随着我们不断成长变化，我们会变成别人的谈资，引来议论，而且往往不是正面美好的。

人们会把自己的恐惧和局限的想法投射在你和你的梦想上，他们以为自己做不到的，你也一样做不到。如果这种想法来自那些爱你的人，就很难处理了。你期待获得他们的支持，但这种支持并不会像包装精美、扎着粉色蝴蝶结的礼物一样出现在你面前。很多时候，他们即使心底里是为你好，但自身的经历给这份支持笼罩了一层阴影，让你无法从他们身上受益。

女性创业群体中容易出现的一个问题，往往是友情和爱情的变化。我遇到过无数客户，要么是因为与亲近的朋友失去联系，要么就是发生了很严重的矛盾。还有些客户的问题在于伴侣不支持，因为她们的成功让另一半感受到了威胁。请记住一件很重要的事：你总会成长变化，不是每个人都能懂，但不管怎样，不要因此停止成长。

就友谊而言，不管生活将你的轨迹引向何方，那些爱你、支持你的人会一如既往地陪伴着你。我的一些闺密已经成为妈妈，带着小宝宝。我虽然没有孩子，但是完全尊重她们的人生轨迹，她们对我也是如此。我们的生活截然不同，但经常会抽时间聊天，彼此支持鼓励。就在几天前，我出差在机场等航班的时候，还在给我最好的朋友发信息，那时候她正在参加女儿学前班的毕业典礼。我们每天过着完全不同的生活，但这丝毫不影响我们之间的友谊，我们会抽空互相倾诉、聊天，分享搞笑的事，至少每天一次。

如果你辛苦维持的友谊带来的是竞争、否定和嫉妒，就该放弃这种关系。我知道说起来容易做起来难，我也知道这样不好受，但让对自己没有益处的人走进我们的生活，只会后患无穷。如果你觉得和某人断交会内疚，那么这样想想：她对你这么不好，是不是也会觉得内疚？

你总会成长变化，不是每个人都能懂。但不管怎样，不要因此停止成长。

## 支持你的人才是对的人

> 说到安顿下来这个话题，要找一个寻求平等伙伴关系的伴侣，一个认同女性应当聪明、有主见、有志向的人，一个注重平等、认同甚至想要分担家务的人。这样的男人是存在的，请相信我。而且随着日子一天天过去，没有什么比这一点更性感。
>
> ——谢丽尔·桑德伯格（*Sheryl Sandberg*）

在独立创业的道路上，爱情可能是个棘手的问题。对有些缺乏安全感的男人来说，一个成功独立的女性会让他觉得很扫兴。当那个对的人出现，他会支持你、帮助你，而且像你一样为你的工作感到骄傲。我很幸运，最终学会了这门功课，但在我二十几岁最美好的日子里，却在和一些不懂我的人约会，他们不理解为什么我想要的不是蒂芙尼珠宝。

我永远忘不了那天，我告诉当时的男朋友我在创作自己的第一本书，那时候我二十五六岁。虽然《闪耀吧》（*Sparkle*）只是我自己眼里的光芒，但我知道有一天我会出版本书，所以说起来毫不避讳，有了这样宏伟的计划，就激动地想和身边人分享。那天晚上，我们聚在一起，一个朋友说起听说我正在写一本书，我的男朋友立刻翻了个白眼，自己咯咯笑个不停，不停地嘲笑我。我永远忘不了那一刻涌上心头的感受，窘迫、羞愧，却更加激发我的斗志。

那一刻是我的转折点。我明白我永远无法跟一个不能和我一起为梦想兴奋的人在一起；我明白我需要一个尊重我抱负的伴侣，他希望看到我成长，而且不怕看到我发光。

时间快进到今天，我很幸运有一个很棒的丈夫陪伴在我身边，他不仅支持我的工作，而且真心赞赏我工作的价值。我每一次出差，只要时间允许，他都会陪我一同前往，倾听我每一个疯狂的想法，甚至负责了我所有书的装帧设计（嫁给前杂志社编辑的奖励）。除此之外，他还不厌其烦地处理着家务，经常洗碗、洗衣服、采购食物。同时，他自己也拥有很成功的事业。亲爱的姐妹们，请相信我，就像上面引用的谢丽尔·桑德伯格的话，这样的男人确实存在，而且她说得对——没有什么比这一点更性感。

我吻过好几只青蛙，修炼了一番内功，才放弃那些坏男孩，告别戏剧性的风波，但花掉的每一分钟都是值得的。对于专注事业的商界女性，完全没有理由留恋一段拖累你的感情，你有很多大事要做，这可不包括在一个男人身上浪费口舌。就算这意味着要独自飞翔，又有什么关系；就算这意味着不停地约会，等遇到那个可以将女老板的百炼钢化为绕指柔的男人，也很好啊。请向自己保证，你永远不会将就一个不能全力支持你梦想的人。

## 嫁入豪门，不如自己做豪门

> 有些女人选择追随男人，有些选择追随梦想。如果你不知道该选择哪条路，请记住，你的事业永远不会在某天早上醒来，突然告诉你它不再爱你了。
>
> ——嘎嘎小姐

我的母亲独自把我抚养长大，她教会我永远不要指望男人，这是我一生中最感恩的事。母亲经历过很多磨难，但她战胜了一切，是我心中最伟大的英雄。从小她就教我独立的价值，给我灌输自信和坚强的意义，这是我每一次成功背后的关键。自食其力，相伴而来的是巨大的自豪感和成就感。

但是成功需要时间，赚足够的钱、为自己买漂亮的东西，不是立刻就能实现的。二十几岁的时候，我有过一个男朋友，总是给我买很贵的礼物。有时候，送礼物不需要什么缘由；有时候，礼物是奖励。不管怎样，对于当时沐浴爱河的我，他赠送的这些礼物我都感激地接受了，就像大多数女人一样。我还记得我被 MTV 录取的时候，他给我买了我的第一个香奈儿手袋。请不要误会我，礼物本身很好，尤其是在它们都以法国皮革的材质出现在我眼前的时候。但是，天下没有免费的午餐，我再重复一遍，绝对没有。

我们分手以后，我把他给我的包都卖掉了。我知道如果把这些包寄回去，他会很伤心，但我觉得没必要继续留着这些回忆，用卖掉的钱付账单也不失为明智之举。当他发现我把这些包处理掉之后，掀起了一场轩然大波，不堪入耳的电话、恐怖的邮件，如此种种。老实说，我真心希望从一开始就没有收过这些礼物。他曾经称这些礼物是爱的象征，如今时过境迁，礼物只代表控制和操纵。

不是说男人送的礼物都不好，我的丈夫是我见过最有爱心、最善良、最无私的男人，他也送过我一些漂亮的礼物。但是随着年纪渐长，智慧渐长，越来越成功，我向自己发誓，不会等着男人给我买我想要的东西，我再也不要落入这个陷阱。我还发誓，要重新演绎一遍“与香奈儿的第一次邂逅”，用自己的能力挣来的钱，给自己买一个新款香奈儿手袋。我要用自己的力量，重新创造一次“邂逅”，而且从一开始就应该靠自己。

实现这个想法，花了几乎10年的时间，但是我永远忘不了那一天，我走进纽约57街的香奈儿精品店，给自己买了第一个手袋。我决定花上一整天的时间，好好享受这个过程。我穿上最喜爱的人造皮草大衣，最美的黑色皮靴，叫了一辆林肯城市豪华轿车，从布鲁克林去曼哈顿购物。我妆容精致，开车驶往香奈儿精品店，自豪地走进去。我的销售顾问哈维尔在等候我，之前已经与他联系过了。他问我挑选的时候需不需要一杯香槟，我欣然接受了。

“这个包美极了。”哈维尔看着我手中拿的包，称赞道。

“确实。”我边说边阔步走到镜子前，仔细欣赏从肩膀垂下来的金色金属与皮革交错的链条。我陶醉了一会儿，默默地对自己说：“我做到了。现在我就在这里，香奈儿，给自己买包，用自己挣的钱，是拼命工作换来的。”我没有犹豫，也不用紧张能不能买得起，更不用等别人来告诉我“可以”拥有。这个手袋就是我的，靠自己的能力。

“我买了！”我说，然后走回柜台把剩下的香槟喝完。

“太好了！我们到后面帮您包装起来。”10分钟之后，我走出那家店，血管里跳动着香槟，手里提着新款2.55大号鱼子酱纹黑色金链翻盖包，全款付清，现金结账。没有刷信用卡，也没有借助某个男人，是自己买给自己的。

也许你无法像我一样体会到这个故事的意义所在，也许你觉得我花这么多钱来买一个包很荒谬（我懂，确实有点）。但是不管你怎么看，这个故事是为了说明，这种为自己做点什么的感觉无与伦比，不管是一个假期，一个新款香奈儿手袋，还是一套有助于扩展事业的课程，什么都可以。重点在于，想清楚怎样才能靠自己享受这些，而不是找一个男人替你付款。嫁入豪门，不如自己做豪门，这种感觉要开心得多。

## 别苛责自己

**当一个女人成为自己最好的朋友，生活会容易得多。**

**——黛安·冯芙丝汀宝（*Diane von Furstenberg*）**

自己做老板不是件容易的事。没有人告诉你哪一天休息，没有人替你承担责任，没有人告诉你哪里需要改进，没有人督促你，也没有人在你自虐的时候拦住你。然而虐待自己是如此容易的一件事。

我有很多客户都面临这个问题：消极的自我对话。她们对自己十分严苛，而且很容易指出自己的缺点，却很难赞美自己的优点。请听好，女士们：有一堆人等着拉你下台，挑你的毛病，请别再加入他们了。

我也曾经对自己超级严苛，尤其是过度疲劳、脾气不好的时候。有一次，我在得克萨斯州奥斯汀市做电视直播，分享怎样做自己的情人。我非常兴奋，花了很长时间做准备、练习，精心准备好服装，花一整天的时间寻找完美的粉色玫瑰，搭配我的装扮（玫瑰要新鲜，而且要和我的衬衫颜色一样），牢记出场表演时需要展示出来的每一个细节。我何止是为这次节目做好了准备，事实上我已经过分准备了。

出场的前一天晚上，酒店房间的空调有点奇怪，每30秒就响一声，那种噪声非常讨厌，让人抓狂，简直无法想象。我本来就紧张，那天晚上就更难入睡了。我躺在床上，辗转反侧，越来越担心自己会失眠，上节目的时候会疲惫不堪。早上6点半，闹钟响了，我觉得自己根本没有睡着过。

那次出差我的丈夫也陪我去了，他点了一大壶咖啡，让我放宽心，一定会没事的。因为我们录完节目就直接去机场了，他在酒店房间里收拾行李，我则坐在电脑前，像僵尸一样，一边回顾我的讲话要点，一边喝咖啡，焦急地等待咖啡赋予我新生。到达摄影棚以后，一定是我的肾上腺素起了作用，我十分顺利地完成了节目录制。不过，当时，我却把自己批评得一无是处。

在去机场的路上，我一直在批判自己，对其余的事情都充耳不闻。我觉得自己把事情完全搞砸了，在脑海里回顾完整个场景，非常确定我是彻头彻尾地把事情搞砸了。我记得到达机场以后，点完早餐，发现电视台已经在推特上发布了节目的链接。我立刻点进去观看，泪水溢满眼眶。

“怎么了？发生什么事了？”丈夫问我，看我的表情好像某人去世了。

“我太糟糕了！事情被我搞砸了！你看我的坐姿！啊！看上去心力交瘁的样子！”我大喊着，攻击自己的话不断从我嘴里跑出来。

“让我看看。”丈夫说着，把手机从我手里抢过去。三分钟以后，他看着我，递回手机，用充满爱意的口吻说我疯了。

“你看的和我看的是同一个人吗？”他问。

“是的。我的眼睛下面有眼袋，说话也是无精打采的。真希望我能多睡一会儿……”

丈夫立刻打断了我的话。“你很棒，很完美，请把手机收起来，明天再看一遍。”

于是我照做了。第二天早上，睡了一个清爽觉，喝完一大杯咖啡以后，我又看了一遍节目视频。你猜怎么着？我确实做到了。每个重点我都提到了，看上去状态也很好，有见地、有魅力。我给自己打了个高分，比前一天早上高多了，很感恩，我终于看清了。

有些时候，我们总是对自己太过严厉，而且不幸的是，大多数人都有这种习惯，包括我自己。解决方法是，在发牢骚的当下拦住自己，摆脱坏情绪，换上新的视角。有时候你需要睡个好觉，有时候需要同伴或朋友帮助你冷静下来，有时候仅仅需要一点儿时间。

## 提升你的魅力值

> 抛开自己的家庭和交往对象，想想自己是谁。想清楚自己究竟是谁，自己一个人的时候需要什么。我觉得这是人生中最重要的事。先找到自我，有了这个前提，任何事都能应付自如。
>
> ——安吉丽娜·朱莉（*Angelina Jolie*）

女性创业者在生活中需要付出很多努力，这是不言而喻的。长时间的工作，“厚脸皮”，百折不挠的职业精神，兼具多种角色——也可以说是头戴各种冠冕，这些都是创业包含的内容。因为角色不同，我们经常在不同职责之间转换跳跃，沉迷于工作，以至经常忘记优先考虑自己的需要，忘记以我为本。把企业家的身份摆在女人的身份之前——这是我们的问题。

很多来找我咨询的客户以为她们面对的是事业方面的问题，但本质上其实是生活方面的问题，在事业问题之前，需要先解决生活问题。和前任之间还没彻底了断，对自己的外形很不满意，你觉得这些问题不会影响事业上的成功，其实你错了。生活和事业相互交织在一起，这一点毋庸置疑。一团糟的生活会像镜子一样反映在事业上。相反，不逃避生活问题，迎难而上，努力做最好的自己，事业也会随着蒸蒸日上。

首先我得承认，平衡事业和生活对我来说非常不容易。而且我认为，真正意义上的平衡并不存在，但我非常认同，作为女性，我们需要有意识地供给自己这方面的需要，例如留出独处的时间、去健身房的时间，用短暂的休假理清思路，给自己充充电。我问过很多女性，上一次给自己放假出去约会，或者体贴爱护自己是什么时候，很遗憾，答案通常是“从来没有过”。那么，是时候做出改变了。

学着对自己好一点，这对独自经营事业很重要，尤其是在需要长时间独处的情况下。能量、热情、幸福感，这些离自己内心最近的东西必须谨慎守护。我是一个“个体户”，就是自己给自己打工的意思，虽然我雇了平面设计师和虚拟助手协助自己，但终究还是一个女人的独角戏。没有团队从早到晚的跟随，我甚至连自己的助理都没有（如果把我的西施犬算进去，那么得好好培训一下它怎么倒香槟）。我在家办公，很多时候都是自己一个人，即使去旅行，或者去咖啡厅工作，我也经常自己一个人，这不是一件容易的事情。给自己打工的时候，或者自己一个人工作的时候，会产生一种孤立于世的感觉，而坦然面对这种感觉很重要，要成为自己最好的朋友。虽然我整天给客户打电话，但还是会有感到孤独的时候，我知道很多创业者也有过这种感受。如果你真心爱自己，面对孤独就会容易得多。

如果不把工作和娱乐分开，独自工作一整天可能会成为一项挑战。每周我会有意外出一次，去约会。如果不这么做，我会天天穿着同一件粉色维多利亚的秘密牌运动裤和灰色 T 恤，最后可能会出现在精神科病房。我每周安排固定的时间，化化妆，打扮一番，走出家门，这对保持精神健康十分重要。作为一个女人，提升魅力值让我感觉自己是美丽的，也会让我的工作富有成效，这两点是我身为女人的基本要素。穿上迷人的高跟鞋，给头发吹个造型，去环境优雅的餐厅吃饭，就足以让我开心起来，而且对我的健康和幸福十分重要。

诚实地讲，很多时候，我独自去餐厅或酒吧，最后还是会工作，但是我会让自己做一些有趣的工作，比如更新社交媒体状态，构思新想法、新创意。我也会离开座位，和酒吧服务员聊天，让自己魅力四射地走进人群，这些都是很好的弥补。

除了独自约会，我还试着在日程表里加入一些社交时间，就算只是和母亲吃一顿便饭，我也会离开电脑，走进人群。就算接近截稿日期，我也不会因此产生罪恶感。抽时间远离工作，只会更加激发工作灵感，所以一定要出去走走，看看外面的世界。如果再加上一两杯葡萄酒和一顿早午餐，就更完美了，这可不是奢侈，对女性创业者而言，这是生存的必要条件。

提升魅力值不仅仅是打扮得漂漂亮亮，喝香槟，定期健身，选择有趣的、有能量的项目，也是一种很好的方式，可以促进大脑释放内啡肽，加速血液循环。我们在办公桌前待久了，应该活动活动身体，经常锻炼锻炼。我个人非常喜欢梦想单车（SoulCycle），它是一种室内单车运动，可以让身体、思维、心灵同时放松。教练不仅带领人们进行身体锻炼，还会引导人们放松心理。我曾经在课堂上大哭，当时感动于听教练说到释放恐惧、为梦想骑车，而且我意识到，我有能力改变自己的人生轨迹。

实际上，创作本书的想法也是在骑自行车的过程中产生的。我鼓励你，找到一个自己喜爱的锻炼方式，用锻炼的时间让思维开个小差，让身体和心灵都得到放松。

## 对自己好一点

在此要说明非常重要的一点：你不必每一天都开开心心、无忧无虑，也不必每一天都魅力四射，因为这是不可能的。有时候，我会感到沮丧、疲惫，能量耗尽，非常痛苦；有时候，我什么都不想做，只想好好呵护自己。我曾经不惜一切手段，与这样的日子对抗，告诉自己我应该像女超人一样乐观开朗、能量无穷，但是到最后只会更加痛苦。而现在，我会叫一份中餐外卖，开一瓶好酒，就这样顺其自然。我学会拥抱这些低落的日子，安慰自己，“这些迟早会过去”——母亲的话深深印在我脑海中，因为事实一向如此。

生活总是起起伏伏，变幻莫测，创业者的生活更是如此，让人抓狂。有时候你像是站在世界之巅，客户蜂拥而至，好像每个人都喜欢你，但有时候你会怀疑一切。有时候，你像是在对着一堵墙说话；有时候，你怀疑自己是否真的适合创业。这些日子是一种测试，检验着你的勇气和热情，因此这种时候，需要对自己温柔一点。听从身体的召唤，让自己放松一下，然后满血复活，继续工作。如果你从来不允许自己有重整旗鼓的时间，那么你一定会垮掉。真的那样就不好了。

## — 访谈 —

**凯蒂 · 威尔科克斯（Katie Willcox）**
“健康是新的瘦身主义”（Healthy is the New Skinny，HNS）品牌 CEO（首席执行官）

我是一个大半辈子都在纠结身材的女人，凯蒂 · 威尔科克斯和她的品牌于我就像呼吸到一口新鲜空气，带给我很多灵感。凯蒂是个模特，过去很多年都在面对媒体严苛的批评和洗脑。媒体让女人相信，美丽只有一个标准。凯蒂创立自己的品牌，倡导各种尺码的女性都要对自己的身材感到自信，也告诉我们，外表不能定义我们的价值。我发现自己经常访问“健康是新的瘦身主义”的品牌网站，每天激励自己，提醒自己，健康才是新的瘦身主义。穿泳衣看起来如何并不重要，重要的是我们如何对待自己的身体。

我知道本书需要凯蒂参与，因为对于世界各地的女性，她是一个正面的榜样。凯蒂是这个领域的开拓者，她重新定义了很多事情，能取得这样的成就很不简单。最重要的是，凯蒂风趣、温暖、热情，我相信你会和我一样爱上她。

**请简单介绍一下自己。**

我是一个女性创业者，我追求真理、喜欢水、崇尚自由，也是一个多才多艺、有想法、有创意的人。我的人生有一个重要的目标，就是激励女性，因为年轻女孩代表着地球上最原始的爱的精神，可是这种精神正在消亡。我想要拯救这种精神，因为我们只有先爱自己，才能爱这个世界。这就是我每天醒来，热爱工作、努力工作的原因。

**进入模特行业是受到什么启发？**

我想是因为真人秀节目《全美超模大赛》。之前问过一些女孩为什么想成为模特，我发现答案通常是这样的："大家都说我应该当模特"或者是"模特行业看上去很有趣"，又或者是"我喜欢拍照"。我发现，当模特是一条让年轻女孩们觉得自己有价值的出路。对我来说，是《全美超模大赛》提供给我这种方案，也让我觉得，如果当时看的是一个关于女性创业者的节目，我会不会想成为一名CEO，或者早一点儿开始创业。

**创立自己的品牌是受到什么启发？**

开始在模特行业工作以后，我发现这个行业并不像宣传的那样，我发现我不健康的时候反而更被看好。我当时 90 多千克，穿 14 码的衣服，是一名大码模特，虽然那并不是我自然的体重状态，但却是接到最多工作的时候。现在我不到 75 千克，非常健康，要达到正常模特身材还得减掉 20 多千克。当时我不能理解为什么，所以开始深入调查，问这样的问题："为什么模特不能保持健康的身材呢？"我和各种各样的模特聊过，她们都有同样的抱怨，不管她们穿几码的衣服，总有人告诉她们要减肥。我甚至遇到过这种情况，在我用健康的方式减重 20 多千克以后，有人告诉我，"太瘦，达不到大码模特的标准”。我也试过瘦到正常模特的尺码，但是那样的身材并不适合我的骨架。从那时候起，我开始审视这种“理想的模特身材”给整个女性群体带来的影响。我知道自己得做些什么，改变这一切，所以就创立了“健康是新的瘦身主义”这个品牌。

**你的使命宣言是什么？**

我想让年轻女孩们知道，不是成为模特才能够赢得喜爱，获得价值感，这是媒体的谎言。很久以来，我一直相信这个谎言，然后我意识到，凭借自己的聪明才智，我能做很多事情，不只是变漂亮。我们每一个人都很强大，不仅是指我们的体力，还包括我们天生的意识、热情和爱心。不要再整天想着怎么让身材更完美了，不要再辩论怎样更性感、更有诱惑力了，我们应该明白，身材不是我们唯一拥有的，当我们意识到这一点，生活就不再一样。真正的动力来自你的灵魂，不是你牛仔裤和内衣的尺码。找回真正的自己，你就有机会找回自由意志，开始为自己着想，这是最美好的礼物，因为从此你可以按照自己的想法塑造自己，通过身体表达内心真正的你。

**怎样克服恐惧？**

去健身房。我经常感到恐惧，在一个圈子很窄、竞争激烈的行业工作，在 25 岁的时候决定成立自己的经纪公司，这件事本身就非常让人恐惧。我担心别人会怎么想我，担心自己能不能成功；我害怕没法发挥自己的潜力，被别人嘲笑。我什么都知道，也什么都害怕，但还是去做了。就像在健身房练习举重一样，有时候我告诉自己我做不到，那一刻我真的认为自己没法再多做了，但我还是做到了。恐惧是一个路障，你只需要越过它就行了。恐惧会让你分心，把注意力从手边的工作转移到负面情绪上，所以你需要停止恐惧，继续往前。

几个月以前，我和一个相识多年的模特一起工作，我们至少有五年没见了，她告诉我："你知道吗，当初你决定自己开经纪公司的时候，我们都笑话你，觉得肯定成不了。但是现在你在各地都有模特资源，我得夸夸你，你真的做到了。你很棒。"

这样称赞的话听起来可不那么舒服，不过也很好。这种时候，我只会微笑，暗暗地想："现在轮到谁笑到最后了？"不管你正在做什么、尝试做什么，一定有人讥讽你、嘲笑你，说你没有能力，说你做不到。但是他们没法控制你做的事情，也没法控制你的成功，除非你给予他们这样的权力。如果你专注在自己的领域、自己的专长，而且努力奋斗，那些人都是无关紧要的，恐惧也是一样。

**在创业道路上，你认为对女性企业家最重要的是什么？**

我觉得这取决于你真正想要的是什么。如果你做事只是为了挣钱，那我没什么可嘱咐你的。我的事业绝对是基于我的热情所在。前三年我们根本没有挣到什么钱，也就是说，每天早上起床忙活一天，都是无偿劳动。我把自己做模特攒下的钱都用作启动资金，因为我对自己要传达的信息很有自信，而且我热爱自己的工作。是这样的热情支撑我度过艰难的、漫长的、有压力的日子，支撑我度过那些想要放弃的时候。如果你有自己的公司，或者想要拥有自己的公司，那么要做好准备，总有那么一天，你会说："管他呢，我不干了。"创业很难，如果不是灵魂深处有一团火在燃烧，如果不是热爱自己做的事情，有好多次我都会放弃。我无法想象没有梦想和热情的日子，更别提没有梦想和热情地去创业了。

**你的一天是如何度过的？**

每一天都不一样。我和我丈夫真的包揽了所有工作，从做头发、化妆、拍摄、编辑、修图、制作视频、编辑视频、公开演讲，到管理财务、发放工资、管理员工等。要做的事几乎没有止境，但是我们喜欢这样。每一周，有部分时间我们在加州棕榈泉市生活，如果有需要，会去洛杉矶的办公室工作半周。每天早上起床后，我会先更新公司的 Instagram 主页，然后开车去星巴克吃早餐。回到家以后，我们会处理邮件和任何需要当天处理的工作，比如视频编辑、照片编辑、网站、图片等。休息的时候，我们会游泳，晒晒太阳，然后我会做一顿健康午餐，之后继续工作。我们有时候会工作到很晚。我们的工作并非常规的朝九晚五，大多数有创意的人都不会这样。但是我们很喜欢不重复的日程表，总有新的事情可以做。

**现阶段，是什么在激励着你？**

我的公司在不断发展壮大，这一点非常鼓励我。很难解释13年的模特生涯会对一个人的想法产生怎样的影响。你的想法会被扭曲，潜意识里你真的会相信，只有美才有价值。我真的花了很大代价挑战这种模式，结果是，我觉得我也激励了其他人。我们对媒体、广告认识得越多，就越明白它们是怎样操纵我们的，就会变得更强大。当你找到自己内心深处的力量源泉，瘦成一道闪电的想法就渐渐没了。我生存在这个世界上，不只是为了变漂亮、穿小码衣服、保持沉默，所以我不只是一个模特。明白这一点以后，我的人生就改变了。

**女性需要多些什么？**

我们需要更多真理。宣传幸福健康的一套真是够了。我们来点真的，说说真正重要的事情吧！我们不能只在口头上说自己是行动主义，我们需要真正行动起来。我想看到更多女性发出声音，一起抗争女性每天都会面对的不公正现象。少一些裸体照片，告诉年轻女孩要爱惜自己的身体；多一些女性专题，报道那些真正改变世界的、了不起的女性。

**女性需要少些什么？**

不管我们穿几码的衣服，都需要将注意力从身材上转移。身材不能定义我们是谁。我们需要在灵魂层面上探索自己是谁。

**你对刚开始创业的女性朋友有什么建议？**

不要等想法完美了再行动，你改完一万次可能也不完美；不要等待内容完美了再发布，开始创业的时候，没有人真正看你写的东西。不要等待所谓完美时机。立刻开始做吧，现在就是最好的时候。开始做吧，随着你不断学习和成长，你的事业也会慢慢变成你理想的样子。

我知道很多人一辈子都在等待所谓的完美，然后错失良机。在5年的时间里，我的品牌网站改版了5次。真的是这样，而且网站越变越好。

如果不先种下种子，事业永远成长不起来。别再等了，开始做吧。而且，完美其实很无聊啊。

## — 附加练习 —

列举本月之内用于提升自己魅力指数的三种方法。

第七章

# 迎难而上，成长往往随着危机而来

*Chapter*
*Seven*

从一个角度看像垃圾，可能换个角度看就是艺术。或许经历过危机，才能认识自己；或许被生活狠狠折磨过，才能明白自己想要的是什么。

——朱迪·皮考特（*Jodi Picoult*）

创业总是伴随着一波三折，每一天似乎都不一样，总有新的东西要学习。短短一个小时之内，事情可能就会发生变化，日子绝不会枯燥无聊。更何况，波折的外衣衬里总是镶嵌着钻石。

几个月前，我去印第安纳波利斯（Indianapolis，美国印第安纳州首府）录制一档电视节目，这段经历简直是龙卷风一般的灾难，如此描述丝毫不为过。录制过程本身很顺利，但是路途中的经历和围绕这一天发生的其他事情就有点过分曲折。我会用混乱不堪这个词来描述，但确实从混乱中学到很多，所以和多数时候一样，我选择从积极正面的角度看待这段经历。

往印第安纳波利斯去的路上没有什么耽搁，尽管飞机有些颠簸，我幸运地靠灰皮诺葡萄酒撑过去了，安然无恙地到达酒店，只是稍稍有些醉意。晚上赶完一些工作后，我叫了客房服务，见了一个客户，然后为第二天早上的出场做准备。到目前为止一切安好，不是吗？

第二天早上 8 点钟，我准备出发了，脸上涂着厚厚的高显色度彩妆，踩着细高跟鞋，走出大门。之前问过前台乘出租车到电视台需要多久，他们肯定地告诉我最多 10 分钟。所以我决定给自己预留 30 分钟时间，路上可能会堵车，而且我讨厌迟到。那天早上，我走到出租车站，在工作人员的劝说下选了一辆林肯轿车。他们告诉我费用是一样的，那么相比低品质的出租车，谁不想坐着崭新的贴着防晒膜的林肯轿车呢？就是它了。

我上车之前，酒店工作人员和司机足足谈了 5~7 分钟，其实这就是第一个预警信号。工作人员花了这么长时间告知司机地址！我心想："他们到底在干吗，怎么要这么久？"终于，司机看上去已经准备好了，于是我走过去，坐上车。司机非常和善，上车以后我立刻跟他确认车程是不是 10 分钟（你可以想象我的不安，因为光是租车已经浪费将近 10 分钟了）。司机给我看他的导航，告诉我："要 37 分钟，女士。"

"37 分钟？"我尖叫。我可以感受到，看到时间的那一刻，我的心脏开始狂跳。我告诉自己，要镇定，深呼吸。

"是的女士，到这个地方要 37 分钟。"他回答道。

"好吧，咱们赶紧出发吧！这是现场直播，直播的电视节目，我可不能迟到。"

司机点点头，我们就出发了。车子上了高速公路，我心里的弦绷得越来越紧。我们一直往前开，我意识到我们已经越开越远了。我坐在后座上，努力克制住喷薄欲出的恐慌。

现在已经 8 点 35 分了（我应该 8 点半就到电视台的），我让司机确认了一下还有多久能到，他告诉我还有 12 分钟。我给制作人发邮件，告诉她我要迟到了，一边在邮件中表达歉意，一边迫切希望看到电视台大楼的标志。

到了 8 点 50 分，我看到一大片农场。

“这条路肯定不对，他们告诉我摄影棚在市中心，在城里。”我尽力克制着泪水，但是语调很平静，确信自己肯定要错过节目了，“你能停下车吗？”

司机靠边把车停了下来，我拿出手机给电视台打电话。匆忙拨号的时候，我瞥见这个可怜的司机开始流汗了。他用手帕擦拭前额，看上去很紧张。“非常抱歉，女士，导航把我带到这个方向了。”

这时候，我拨通了电视台接待员的电话，快速跟她描述了现在的处境。她开始给我指引方向，我把手机扔给司机：“请你跟她说！我完全不知道现在在哪儿！”

这时已经早上 9 点，我迟到了半个小时。节目已经开始录了，而且是直播。

司机和接待员又说了一会儿，摆弄了一下导航，我们再次上路了。“您确定这是正确的方向吗？”我语气和善地询问，想让他平静下来，看得出来，他对这场“飞来横祸”感到非常抱歉。

“没错，我保证，我会把您送到目的地的。您没有迟到，对吧？”他还在流汗。我为他感到难过。

“没有，没有，还好，没关系的。他们会先把我录上，然后换一天播。别着急。”

事实上，我很着急，也很恐慌。但是我明白肯定会没事的，而且这位司机现在可能比我感觉还要糟糕。

他不停地对我和善的态度表示感激。到这会儿，他大概已经说了400次对不起了，而且是诚恳地道歉。想象大多数人可能会用另一种方式对待他，我开始有些难过。“请听我说，生活就是这样，难免发生意外。有时候我们会走错方向，我们能做的只有调转车头，找到正确的路，这就行了。”我这么对他说，我想这也是生活教练的职业习惯吧。

他看上去如释重负，甚至有些开心，因为我没有冲他大喊大叫，也没有把高跟鞋扔到他脑袋上。我们到了电视台，他说会等我录完。“您放心地去吧，女士，我就在这儿等着。我会免费把您送回去。您想去哪儿都可以。”他向我保证。

我振作精神，走进电视台，不管来的路上经历了怎样的混乱，现在要召唤出勇敢无畏、自信美丽的自己。最终我勉强在节目里露了个面，节目还剩10分钟就要结束了，进展得无比顺利。走出电视台，司机在那里等我，就像他之前承诺的。他把我送回酒店，一切安好。

我想大多数人，包括以前的我，在那种情况下可能都会勃然大怒。设想一下，专门飞到另一座城市参加现场直播的电视节目，却差点错过机会。我绝对会紧张慌乱，但不至于崩溃、恼火、不知所措，而是积极地寻找这个环境带给我的教训。我从消极中寻找积极的一面，任何时候都是如此。

我学到的第一课是同情心。我很愿意把自己想象成一个充满同情心的人，但是那样的环境确实是对我的考验。如果我只为自己考虑，会容易得多，我可以轻易地发怒，指责司机把我带错路了。但是这样对我们有什么好处呢？我没有被惹怒，变身为尖叫的女高音，而是把这当成一个机会，让自己成为有同情心的人，站在对方的立场思考。他也不想往错误的方向开45分钟的车，惹怒乘客，他尽力把我带到我需要去的地方，只是犯了个错误。我们都会犯错，而且会犯很多错。

我们需要对其他人怀有同情心，尤其是对女性。很多人着急下判断，发脾气，但是设身处地为他人着想，理解他人的处境，这一点很重要。在每一个环境，尤其是充满挑战的环境里，一定要自我反省："我怎样才能做得更好？"

第二个教训呢？很多时候，我们没有办法事事称心如意。我们需要允许生活中出现不完美，不完美的时候正是我们成长最多的时候。你能想象一帆风顺、万事如意的生活有多么无聊吗？有一点点波折是好事，不管是在生活中，还是在工作上。这样的波折着实让我们好一番折腾，但也别有风情。等我们安然度过，那种感觉就像变身成了摇滚明星。

拥抱不完美的时刻，寻找教训。在每一个环境，尤其是充满挑战的环境里，一定要问问自己："我怎样才能做得更好？怎样才能成长？"努力寻找每一件波折外衣里面镶嵌着的钻石吧。

## — 访谈 —

**坦雅 · 福克纳（Tawnya Falkner）**

挚爱精酿（Le Grand Courtage）起泡葡萄酒公司创始人

我经常会被那些以热爱之名甘愿冒险的女性感动，坦雅 · 福克纳就是其中之一。几年前，我和坦雅在推特上相识，并成为朋友。说实话，我已经记不清我们是怎么联系上的了，这么说吧，香槟女孩和香槟女孩相互吸引，得知她白手起家，创立了一家起泡葡萄酒公司，我非常钦佩。又得知她抛下一切搬到法国，只为追寻、实现梦想，就知道她真的和我志趣相投。

我和坦雅有相同的爱好，热爱一切活泼的、闪闪发光的、少女系列的东西，但是不要被这一点蒙蔽了。我们还有永不知足的动力，将不可能变成可能，多年来，她的抱负也一直激励着我。能在本书收录对坦雅的采访，我很兴奋，也由衷地为她所有的成功感到开心。

**请简单介绍一下自己。**

我出生在一个只有三条街的小镇上，正是这么小的村庄造就了我永不满足的好奇心和对环游世界的热爱。我的专业背景是设计与房地产开发，但是 6 年前，我有了一次很大的跨越，我放弃了在加利福尼亚州设计师和房产开发的工作，和当时的男朋友一起搬到法国勃艮第夜圣乔治小镇，在那里追寻我的其他梦想：旅行、美食和美酒。因为这趟旅程，我创立了法国起泡葡萄酒品牌“挚爱精酿”，这个品牌获得过金奖，目前在全美35个州都有销售。

我喜欢在路上的感觉，喜欢逐梦，我相信变化是人生的调味剂，不过我也是脚踏实地的人，是绝对的完美主义者，对细节极端挑剔。我喜欢招待客人，喜欢优美的环境和能提升日常生活品质的小细节。

我喜欢设计里的空间感，也喜欢在生活中留白，如果没有空白，就没有空间留给新的想法、创造性的思维，无法真正体验我们周围的环境。“机缘巧合”是我最喜欢的一个词语和概念，因为在机缘巧合之下会发生意外的惊喜、偶遇、巧合，还会自发地与陌生人建立联系。

我喜欢大的东西，也生活在很大的空间里，我经历过好几次重大坎坷，也经历过心碎。不过，一路走来，我十分珍惜每一次的经历，因为这是人生旅程的一部分。如果没有这些糟糕的经历，我就不会拥有这样的人生，不会拥有这样的视野。

### 创办“挚爱精酿”是受到什么启发？

美食和美酒是共同因素，能将不同文化背景的人聚集到一起。对我来说，“挚爱精酿”是为了提醒人们花点儿时间给自己充电，在生活中寻找简单的快乐，比如和朋友一起聚餐，享受放松的泡泡浴，躺在吊床上读书，和闺密一起看最喜欢的周四晚间秀，在公园里来个浪漫野餐……当然同时要享用一杯起泡酒。

从女性消费者的角度来看，法国葡萄酒传统保守、缺乏创新的程度常常出乎我的意料。我发现起泡酒在价格、口感和包装上差别很大，还发现不管在美国还是在其他国家，起泡酒的销量都在增长。大多数法国葡萄酒的品牌、包装和风格都很传统，由此我发现了一个商机，就是创立一个物美价廉的法国起泡葡萄酒品牌，用好记的名字、优雅的瓶身、口感平衡的果香味葡萄酒，带来愉悦的口感，吸引消费者。

因为香槟酒价格偏高，我想创立性价比高的轻奢产品，日常生活中可以在庆祝场合享用。

**“挚爱精酿”的品牌宣言是什么？**

每个瓶身背面都印着：“拥抱生活，梦想高远，来者不拒。”这不是矫揉造作的品牌口号，是我自己的座右铭，也是我努力对待生活的态度。我更愿意把这句话当成是一种思维方式，一种对待生活的哲学，这也确实是这个品牌所蕴含的本质。

我希望用这个品牌提醒人们尽情享受生活，追逐梦想，寻找生活中简单美好的快乐。生活不是带妆彩排，我永远不会回头看，后悔自己做过的事情。

法国这个国家有一种“生之喜悦”（joie de vivre）的精神，创立“挚爱精酿”让我感受到了这种精神，我可以给大家提供点滴的幸福时刻，提醒他们生命中的每一天都是独一无二的。

**你觉得创业之初应该知道些什么？**

最初创业的时候，我根本没有意识到我需要规划成本，而且花费的时间超过预期的两倍。葡萄酒（和美食）带来的浪漫当然很有吸引力，但我对这背后的工作量却不了解，也不知道开一个酒类公司要学多少新东西。这些事情很让人气馁，让我不知所措，我绝对没有想到当我踏上这条路的时候，就得成为一个专家，对各个州变幻莫测的法律法规、生产物流、供应链、进口、经销商渠道都要有所了解，当然还需要在消费者中间打造知名度。在生意的起步阶段，你会受制于资金和人力，时间和金钱都会变成十分珍贵的商品。有时候，你会怀疑自己怎么就蹚了这浑水，究竟什么时候才是个头，但是当你把困难复杂的事情分解成一个一个步骤，就比较容易做到了。你的信箱里不会永远是空的，作为一个创业者，能采取的行动和做出的尝试永远比你想象的多。不要让自己陷入忙碌，以致忘了关注自己。拿出时间，给自己的灵魂补充些营养，才能恢复创造力。

拥有“挚爱精酿”这个品牌像梦一样，让人激动，但也令人提心吊胆。每一次我在货架上或餐馆里看见“挚爱精酿”的瓶子，还是会有小小的惊喜，会让我会心一笑。很难相信，这个梦想真的变成现实了，在这个男性占绝对主导地位的行业里，我冲破万难做到了。任何成功都伴随着大量的努力和坚持。有时候你会累到崩溃，有号啕大哭的冲动，但是最终还是会止住。创业是对勇气的考验，有几年的时间，你不得不牺牲自己的生活，为可能面临的挑战做好充分的准备。每一天为自己、为别人加油鼓劲不是件容易的事，但是这些辛劳、汗水和眼泪最终会让成功的喜悦更加甜蜜。

**你认为女性企业家在创业的道路上最需要什么？**

自信、坚韧和一个可以交流想法、弥补不足、时不时提供慰藉的小团体。

**怎样克服恐惧？**

有时候就直接硬碰硬，心里想着“我能做到！”我还学会活在很多不确定里，时常提醒自己，就算这个失败了，我也不会因此死掉。也有挣扎的时候，我会剖析恐惧，分解重构，接下来只需要往前跨一步，相信自己的直觉。最低的限度就是带着恐惧生活，直面它。即使是最成功的人也会有恐惧和不安全感，但重要的是你怎样处理。虽然直面恐惧很困难，但要知道，你现在所做的，是为了更大的目标和更美好的憧憬。

**你的日常生活是什么样的？**

我的日程相当疯狂，这样的节奏即使是爱冒险的人也会疲惫，但是我觉得非常兴奋刺激，有时候我也不清楚自己是怎么做到的。我上周一的行程大概是这样的，比较有代表性：早上 6 点半和法国公司开电话会议，处理邮件和文件，给纽约的经销商打电话，开团队电话会议讨论优先要务和目标，开会过一遍假期的营销计划和方案；然后讨论预算，分析上半年各个州的销售业绩；跟潜在投资者打电话或面谈，讨论股权分配，跟总经销商讨论策略；接着又发邮件，看文件，做策划和预测；晚上 11 点往中国打电话，凌晨 12 点半上床睡觉。最近有一次，我在 21 天之内跑了 14 座城市，甚至在一天之内去了 4 个州。这种日程安排的缺点是我不得不吃快餐，在不舒服的床上休息，牺牲自己的锻炼时间，但同时也是很好的机会，因为我可以消费很棒的晚餐，见很棒的人，实现我的梦想，并且创造幸福时刻。

**现阶段，是什么激励着你？**

除了现代女性赋权浪潮，还有自力更生的女性企业家们影响着我，她们都在追求自己热爱的东西，而且很多人获得了成功。女性创业者正在打破并重新定义规则，为自己创造空间，定义界限，扩展疆域。

另外激励我的还有各种积极的信息，比如人们在精神、情感和身体上积极追求自我提升的这种状态。这是一种整个精神层面上的改变。看到大家因为受到启发而建立事业，看到大家对志向抱负，对鼓励成长的东西有渴望、有兴趣，真的有些不可思议。我觉得自己非常幸运，一路上能遇到那么多优秀的女性朋友，她们帮助我、激励我，滋养了我的灵魂。这是我每天奋斗的动力，也提醒我继续存着远大的梦想，不要怀疑、不要放弃。

### 怎样面对竞争？

竞争，不管是当下的，还是未来可能出现的，都是健康的。竞争让我们保持饥渴、目标明确，提醒我们不能停留在现在的成功和过去的荣誉里。我认为，良性的竞争会推动创造，也激励我思考怎样才能事半功倍。

### 你对刚开始创业的女性朋友有什么建议？

不要低估自己的能力，就算双腿发抖，也要表现出自信的样子。要有胆量相信，永远不要让现实阻碍自己的想象力。随着年龄增长，我的愿望也更明智合理，以我现在的认知水平、成熟程度，我相信只要去尝试，任何事情都会成功。很可惜，太多人在离成功还有一步之遥时就放弃了，要么就是被恐惧主宰。要知道，企业家真正的定义，是知道如何应对逆境。善待自己，相信自己，被拒绝的时候，学会平息自己的负面情绪。还有，永远不要让任何人削弱你的活力。

## — 附加练习 —

回想在生活和工作中让你觉得具有挑战性的一个场景，可能是一个难搞定的客户，压力爆表的一天，或者自己的目标没能按照计划执行……想想从中你能学到什么？这种状况如何帮助你成长？

第八章

# 熄灭妒火，嫉妒是毁掉前行的利器

*Chapter*
*Eight*

为了幸福，要持续不断地付出努力。

——伊丽莎白·吉尔伯特（*Elizabeth Gilbert*）

想知道用什么方法可以快速放弃所有梦想吗？那就是，把时间花在嫉妒上。

嫉妒是一种丑陋的情绪，时不时就会冒出来。我之前说过，我们在社交媒体上花费了那么多时间，尤其是创业者，这就给与人比较、自我批评、自我怀疑搭建了舞台。我们经常观看别人展示的生活，不管我们对自己的成功感到多么骄傲自豪，都很难不与别人做比较。

嫉妒别人不一定就是坏事，这是一个信号，说明我们内心有更多渴望。不过，当我们允许嫉妒充斥内心，产生负面情绪，失去勇气，阻碍自己的成功；当我们只盯着别人的幸福，却忘记了自己的幸福，这时候嫉妒就成了问题。本章会教你如何真正地转变心态，把嫉妒变成动力。如果别人能拥有，你也可以，我会告诉你该怎么做。

## 恶性嫉妒与良性羡慕

嫉妒这种情绪，并不是头脑中的全部。《科学期刊》（*Journal of Science*）曾发表过一篇文章，表明嫉妒这种感觉会激活大脑中处理身体疼痛的区域。怪不得一旦我们开始与他人比较，身体就会不舒服。原来嫉妒会痛啊！

嫉妒和攀比是两种十分普遍的心态。研究表明，一群陌生人在房间里聚集，很快就会开始估摸、打量彼此。“不管你有没有意识到，大多数人都会自动地评估别人——谁更聪明，谁更顽固，谁更漂亮。”理查德·史密斯（Richard Smith）博士说道。我知道你有过同样的经历，至少我知道我有过。这是一个再自然不过，却也无比糟糕的特质，当我发现自己在比较的时候，就会立刻把思维切换到另一个频道，转移到新的思考上。

不过，也不全是坏消息。心理学家发现了两种截然不同的嫉妒情绪：恶性嫉妒与良性羡慕。恶性嫉妒是苦涩的、不满的、不友善的，背后的驱动力是想要平等，即便这意味着让别人垮台。另一方面，良性羡慕展现出追求进取的一面，会引发思考：“如果她能做到，或许我也可以。”虽然感觉上都很糟糕，但后者更多的是一种欣赏和钦佩，而不是怨恨与憎恶——这也证明，从科学的角度，嫉妒是可以对人产生帮助的。

下面还有一些有意思的信息，可以支持这个理论。2016 年发表的一个研究表明，东英吉利大学（Univerity of East Anglia）的经济学家发现在埃塞俄比亚乡下的 4 个村庄，恶性嫉妒阻碍了当地农民的创新。研究发现，当地农民经常对他们的乡亲搞破坏，就算自己付出代价也在所不惜。当一个群落里破坏行动泛滥的时候，农民更不倾向于采取新策略，以防自己成为乡里乡邻破坏行动的目标。

另一方面，2011 年荷兰人曾做过一个研究，证明良性羡慕是一种强大的激励力量。荷兰蒂尔堡大学（Tilburg University）的研究人员发现，良性羡慕促使学生在功课上花费更多时间，在智力和创造力测试中也取得了更好的成绩——证明他们能够把羡慕转变成动力。

## 把嫉妒转变成动力

那么，当一个女性创业者发现自己自然而然地对另一位成功女性产生嫉妒情绪的时候，要怎么做呢？答案很简单。疏导这种情绪，将它变成自己的动力燃料。你需要改换思路，告诉自己“如果她能拥有，我也可以”。你需要把嫉妒转变成动力，要知道，你的幸福生活，只能由你自己来争取。我不断提到“无限奢华”这个概念，因为这个概念里蕴含着巨大的能量。这个世界足够丰富广阔，如果别人实现了你想实现的目标，那么她的成功只能证明，这个目标是完全可行的。

不要再偷偷地关注你想成为的那个人了，为什么不直接做她的好友呢？向她伸出友谊之手，你立刻就把自己置于同一水平了，不要紧张，不要担心她在某方面比你好，给她发封邮件，或者在她的社交媒体下面发表一条正面的评论，祝贺她取得新的成就。

我们可以从彼此身上学习的东西太多了，没有人能弄明白所有的事情。我可以向你保证，如果你羡慕某位女性，也会有另一个人同样羡慕你。我很喜欢凯莉·克莱森（Kelly Clarkson）说过的一句话："我希望自己的新陈代谢更快。但是也许有人会希望像我一样，一走进房间就能和每个人交朋友。你总会渴望别人拥有的东西。"

如果你学会欣赏那些成就不凡的女性，就等于是为自己打开了通往机遇世界的门。不要再浪费精力嫉妒另一个女人了，向她表达敬意吧。当你这么做的时候，我可以保证，你会有种难以言喻的、脱胎换骨的美妙感觉。

## 如果她能拥有，我也可以

我很喜欢赞美那些有所作为的女性，不仅仅局限于自主创业的女性。有时候，我发现自己会羡慕地铁里或大街上遇到的某个人，我称赞她的时候会表明我欣赏对方的地方，比如她的头发、衣服、包等。由衷的赞美会让她（也让我）卸下防备，向世界传递正能量，也让我自己脱离了攀比的恶性循环，彻底转变当前的心境。

另外很重要的一点是，要思考你为什么会嫉妒。挖掘情绪的根源能获得很多信息，设想一下，有人刚买了房子，你因此而感到嫉妒。也许你根本不想买房子，但是不知怎的，看到她那天买下梦想中的房子，在脸谱网上发状态和照片，你就感到局促不安。你在自己的公寓里住得非常开心，而且你的关注点也在其他的事情上，比如旅行、发展事业，但是那张该死的照片却激发了你心里的某种情绪。那么，这到底是什么呢？

看到别人在生活中取得进展，我们难免会感到嫉妒，尤其是在我们自己进展不顺利的时候。即便道路不同、目标不同，但只要想到别人在进步、在取得成就，就足以触动我们的嫉妒心。

下一次再有这种感觉，试着寻找一下原因。我可以向你保证，一旦你找出嫉妒背后的真正原因，就会感觉更轻松、更明朗，嫉妒的情绪也会消失得无影无踪。

所以，别继续闷在嫉妒里了，祝贺她的乔迁之喜，吸收一些正能量吧。请记得，如果她能做大事，你也可以。

## 多一点支持，少一些恶意

最近，我在纽约一家餐厅和朋友约晚饭，我早到了一会儿，坐在吧台边，边喝饮料边等她。餐厅里没有多余的椅子和挂钩，所以我只能把包放在吧台上，然后点一杯香槟。几秒钟后，我注意到吧台另一端的两个女人在窃窃私语，对我指指点点，还瞪了我几眼。

她们的行为太粗鲁了，明目张胆，而且毫无缘由。我只是坐了下来而已，但是很明显，我的存在似乎妨碍到了她们。

吃完饭回家的路上，我在脸谱网“香槟饮食”的粉丝页面更新了状态，讲述这个经历。我觉得不吐不快。我绝对没有料到随之引发的反响。

我是这么写的：

“简直不可思议，我只是单纯地坐在吧台边，竟然也能引来一些女人对我如此不友善的行为。我只是坐下来，把包放在吧台上（我周围所有的椅子和挂钩都满了），点了一杯香槟等朋友。立刻就有两个女人盯着我窃窃私语，还瞪了我几眼。简直太粗鲁了。我只不过是坐下来！女士们：让我们友善地对待彼此吧！停止指手画脚、肆意猜测，不要做讨人厌的女人。你知道对另一位女性微笑的感觉是多么美好吗？或者更进一步，赞美她？不安全感导致竞争，自信带来能量。给自己一些正能量，别再做这些没用的事了。完毕。”

这条状态收到 200 多个赞，将近 20 条转发和无数评论，感激我分享了这个故事，这是粉丝页面运营 6 年来最受关注、最多人参与的一条状态。收到这样的反馈以后，我更加清楚，女人其实并不希望对同性如此刻薄、不友善，女人渴望支持、鼓励，甚至有时只是一个微笑。

让我们越过这种不成熟的行为，彼此激励吧。让我们立志不向流言和恶意妥协，完全将自己从这些话语中解救出来，或者更好一点，增加一些友善的话语，彻底翻转局面吧。我们足够强大、聪慧、美丽，不应该彼此恶意破坏，伤己伤人。

## 被鼓励的人有能力鼓励别人

我的朋友瑞秋·卢娜说过一句话："如果你认为女生都很讨厌，那只能说你结交的不是对的朋友。"我听很多女性说过，她们没有同性朋友，她们和异性相处得更好。听到这样的话让我很难过，因为当自信、乐观、有安全感的女性成为朋友的时候，会发生奇妙的事情。

我鼓励你，认真看看身边都是什么样的朋友。你生活中有哪些女性？她们会支持你吗？会鼓励你吗？会听你倾诉吗？会真心为你着想吗？如果答案是否定的，那么是时候放弃这些朋友了。任何年纪都可以结交新的朋友，即便某个人在你生活中出现了很久，也并不意味她获得了通行证，可以永远停留在你的生活中。听上去有些残酷，但是我们谈论的是你自己的人生，它十分宝贵，需要持续不断地付出努力来维护。所以，永远不要让别人给你带来任何消极的影响。

像成年人那样结交朋友，听上去这可能是个大工程，但如果你的心态够开放，这其实是件挺有趣的事情。过去五年里，我结交了很多亲密的朋友。当我们渐渐成长为自尊自爱的成熟女性，我们对自己的价值和爱好都更加清楚。我们变得更加自信，也认清我们想和什么样的人待在一起。

把结交新的女性朋友想象成约会吧，罗列一下你对新朋友有哪些品格方面的期待。我知道这听上去有些奇怪，但是很有效果。然后，看看你的同行里有哪些女性，不管是在网上还是通过本地的社交活动，邀请她们来一场女性之间的约会，一起喝杯咖啡或者香槟，看看你和谁比较合拍。我敢打包票，会有一些人让你“一见钟情”，她们将为你的世界增添新的光彩。

## — 访谈 —

**詹妮弗·沃尔什（Jennifer Walsh）**
健康创业生活（Healthy Entrepreneur Life）创始人

在社交媒体上联系到詹妮弗·沃尔什的那一刻起，我立刻爱上了她散发的能量。她是最有活力、最积极的一股力量。我开始写这本书的时候，就知道一定要把她加进来。詹妮弗之前从事过美容行业，她有丰富的知识和经验，而且愿意与大家分享，对于读者而言，这真的是一份大礼。女士们，准备好获得一些灵感和启发吧！

**请简单介绍一下自己。**

从哪儿开始呢？我 28 岁的时候创办了第一家公司，叫“美容吧”（Beauty Bar）。当时不知道怎么运营公司，因为之前从来没做过，但是我在学校学的是商务方向。那时候我是一名化妆师，专为影视演员和杂志模特化妆。当时确实有热情和动力想要创造一些独特的、完全不一样的东西，这也是我创立“美容吧”的原因。

**进入美容行业的是受到什么启发？**

创办“美容吧”的想法源于我想开办一个专卖稀有、特别的化妆品的地方，不像百货商店那样大量销售。那是 1998 年，很多人从来没听过我卖的牌子，比如自然哲理（Philosophy）、馥蕾诗（Fresh）、必列斯（Bliss）、芭比波朗（Bobbi Brown）、科颜氏

（Kiehl's）、海蓝之谜（La Mer）、欧舒丹（L'OCCITANE）。那时候甚至丝芙兰（SEPHORA）和 Ultaa[①] 都还没有开始卖这些，商场里也只卖香奈儿、雅诗兰黛和倩碧。随着经营理念的影响力慢慢扩大，“美容吧”成为全美第一个全渠道化妆品销售品牌，不仅有实体店、网站，还有每周电视销售。公司发展到 2010 年，我就把它卖掉了。

## 你的使命宣言是什么？

永远记得，生命中遇到的每一个人，都是你人生旅程的一个组成部分。对待这趟旅程中遇到的人，要永远保持尊重的态度，不管他们在什么时间、以什么方式出现。很多时候，过去遇到的人，在将来会以最意想不到的方式重新出现在你面前。

## 怎样克服嫉妒或攀比的心理？

这种心理会一直在生活中持续，尤其是当你走在积极的道路上，所以要有所防备，不要被绊倒。我受到过一些极其恶劣的言语中伤，全是不可思议的谎言，但是这些话绝不会真正伤害我，也不会影响我。我会停下来，想清楚，是她们在消极对待人生，她们对生活感到愤怒，其实和我一点儿关系都没有。我也总是这样教导我的员工。不要被流言蜚语绊倒，也不要对别人说三道四，就算她们

---

① Ultaa Beauty，美国美妆连锁品牌。——译者注

这样对待你，也不要说出毁谤别人的话。

**你认为女性企业家在创业的道路上需要的是什么？**

我想，我们需要的是积极的女性同伴。如果当初没有那些优秀的女企业家们陪伴在我身边，我不可能走到今天。我可以向她们寻求意见、建议和帮助，随时都可以。

**如何克服恐惧？**

独自面对恐惧对我来说有些困难。直面恐惧是很私人的事情，对大家的影响可能也是不一样的。对于我在公司里遇到的担忧和恐惧，我会坦诚公开地表达出来，然后联系我认识的人，说我需要你，或者我需要你们在我身边，做我坚强的后盾，帮我渡过难关，对此我不会感到难为情。事实上，最近我才刚打过这样的求助电话。

**你日常的一天是什么样的？**

我连“日常”是什么意思都不清楚。我到处跑，去办公室、做电视节目、演讲活动、去实验室、巡视高校市场、去美容活动现场，看看有哪些新鲜动态和创新趋势。

**现阶段，是什么激励着你？**

我的人生旅程就是我的动力。这是属于我自己的独特旅程，我非常感激一路上在美国和世界各地遇到的美丽风景和人。我喜欢摄影，很多人在 Instagram 和脸谱网上关注我，她们看到的所有自然风光的照片，都是我十分喜爱的作品。这已经成为我的一个爱好了，甚至还有一些品牌邀请我帮他们拍照。

**我知道你还创立了健康创业（The Healthy Entrepreneur）这个品牌，能给我们介绍一下吗？**

我自己开办公司积累了 20 多年的经验，也帮助别人建立和发展自己的品牌，现在我还在学习、创造。企业家要不断前行，尝试新的事物，对我来说，帮助刚刚创业的新人是一件无比重要的事。

“与詹妮弗·沃尔什一起健康创业”是我最近创立的一个平台，是为了教育、鼓励和展示个人健康在创业及带领团队过程中的重要性。创业者往往会忽略自己的健康状况。在这个平台上，我开设了一个在线系列课程，叫“与沃尔什同行”，课程内容是分享我采访的一些创业者、创新者和慈善家的故事，我和他们一起在中央公园边走边聊——看不同的人在创立品牌的时候是什么样的，他们又是如何回馈生活的。

**创立新品牌感觉如何？**

创立一个新的品牌不容易。虽然之前我有过开办“美容吧”的经验，但是这一次一点儿也不比之前轻松。每次想做点新鲜的事情，都会有很多唱反调的人。这次的工作地点在大学，而且一次要推出 40 种产品，所以是非常大的挑战，有很多不确定的部分。不过每一分钟我都很享受，因为我喜欢挑战，我是一个创业者，这就是我要做的事情。

**让你持续前进的动力是什么？**

创造新鲜感，和出色的人在一起，因为我们热爱自己的事业，这会激励我一直往前走。

**你对刚开始创业的女性朋友有什么建议？**

永远不要回答“不行”。经常保持礼貌，当你真正知道自己的热情所在，真正了解自己的人生目标，就不会让“不行”阻止你追寻的脚步。

## — 附加练习 —

写下你嫉妒的三位女性。在每个人名后面，写下你能联系到她的方式，向她寻求建议，也可以表达你的赞美。

想一想，你最看重的女性朋友的品格有哪些？

第九章

# 创造可能，机遇不会在坐等中到来

*Chapter Nine*

如果不去追求，就永远得不到自己想要的；如果不提出要求，就永远都不会拥有；如果不挺身而出，就永远停留在原地。

——诺拉·罗伯茨（*Nora Roberts*）

你可能已经注意到了，本书大部分内容都是关于如何转变思维和如何相信自己。虽然积极的思维模式是成功的关键要素，但如果不拼命努力，一切就毫无意义。

成功的女性企业家区别于只有梦想的普通女性的一点在于，她们会毫无保留地刻苦用功，拼命努力。她们会全力以赴，直至梦想成真；她们不会等待别人把机会摆在面前，而是走出去自己创造机会；她们会坚持发邮件，打电话，被拒绝了也不会耿耿于怀；别人休息、度假的时候，她们都在工作；她们每一天的生活、甚至每一次的呼吸都关乎梦想。成功的女性不会坐等别人的邀请，她们主动出击，为自己赢得派对的邀请函。

我可以很有把握地说，我事业上的每一次合作机会，都是自己创造的，如果不是自己创造机会，就是我创造的人脉介绍给我的。我为自己开辟了一条通往成功的道路。有时候，结果不会一望而知，成为创业者，很大一部分就是知道自己在不停地撒种。满足客户需求、做成买卖、结交人脉，很多时候这些不是立即能实现的。

总有眼睛在观察着你，所以，注重细节，给别人留下良好的第一印象非常重要。

## 一定要努力

> 我从来没有梦想过成功，我在为之奋斗。
>
> ——雅诗兰黛夫人（*Mrs. Estée Lauder*）

按照多数人的标准，我是个工作狂。我一周工作 7 天，度假的时候也会工作，为客户提供令人满意的服务，在各个领域都达到超出预期的成果。我早起工作，连杯咖啡都来不及喝（这一点让我老公觉得很疯狂）；我经常半夜醒来查看邮件，回复社交媒体上的评论。我知道，我的成功完全是自己努力的结果。

但是这些工作都不会让我觉得辛苦，因为我很热爱我做的事情。如果你目标明确，真心热爱自己做的事情，那么每天的工作就像是一种享受。我很幸运，大家想看我的书，愿意参加我的辅导课程。我也提醒自己，走到这一步经历了怎样漫长艰难的旅途，因此每一天都充满了感恩。

但这并不意味着你不能休息，不能做按摩，甚至不能休假。不过，如果你觉得没必要投入每一天，甚至是每一次呼吸在事业上（至少在创业的起步阶段），那你就大错特错了。

最开始做生活教练的时候，我还在 MTV 电视台工作。而且，当时我还是一个导演，担负着重大责任，带领着 20 人的团队，工作量巨大。备考生活教练证书的那几个月简直惨不忍睹，我每天工作 8 小时（不加上从布鲁克林到纽约大约 3 小时的通勤时间），然后回到家，吃完饭，去学校上晚间辅导课程，每周两次，每次 3 小时。其余的晚上都用来和同学打电话做练习辅导，做作业，还要定期在“香槟饮食”发表博文。那时候我真的精疲力尽，但是每一秒都没有白费。我知道自己想成为生活教练，我知道自己想离开 MTV 电视台，拼命努力就是我的逃跑计划。

拿到证书以后，我就开始正式做生活教练了。当时我还没有从 MTV 辞职，于是就用晚上和周末的时间见客户。同时，我还在创作我的第一本书《闪耀吧》，所以每一分钟的空闲时间都被用来努力奋斗，实现梦想。利用假期和个人时间编辑我的书，周末不再和闺密出去玩，也不看电视了。

如果你觉得没时间做自己的事会让你很难接受，那么请重新考虑。很多事情都可以从生活中减去，可利用的时间比你想象的要多。通勤的路上可以工作，早上可以早起一小时，刷脸谱网的时间可以减半。午休时间与其上网，不如利用起来，构思新想法，研究新项目。少看一晚网飞（Netflix）的电视剧。我们每人每天都有 24 个小时，关键在于，你选择怎样度过。而且，我们永远都有选择的机会。

## 为自己代言

> 你可能是世界上最果肥汁甜的桃子，但是仍然会有人不喜欢桃子。
>
> ——蒂塔 · 万提斯（*Dita Von Teese*）

有位女士曾经告诉我，她不敢频繁去推销，因为担心大家会觉得她很烦。我的回答是："如果你都觉得自己很烦，还怎么期待别人会对你有不一样的看法？"女士们，我们要克服对"惹人烦"的恐惧，对"过分"的恐惧，对推销自己的恐惧。恐惧的原因很简单，缺乏自信。要学会相信自己，如果我们自己都不相信自己，还有谁会相信我们呢？

回想一个让你敬佩的成功女性，你觉得她会担心自己惹人烦吗？绝对不会。她相信自己，相信自己的工作，想让其他人尽可能地了解自己。这是你需要的工作节奏，自始至终保持如此。如果运用得当，自我推销的能力是创业者最有力的武器。即便能雇得起一个宣传员或公关团队，帮助你推销，你还是得经常为自己代言。

那么，开口必提及自己的新书、服务或产品，称赞它们多么了不起，怎样才能达到这样的境界呢？怎样才能泰然自若地在街上拦住别人，让他们体验你的服务呢？答案很简单，创造出让自己垂涎三尺的产品，确保对自己的产品有 110% 的自信，果断放弃那些没有让你觉得眼前一亮、神魂颠倒的作品。不喜欢做生活教练？那就别做了。害怕在线会议？那就让他们下线。实体店因为选址经营陷入困境？那就把生意搬到线上。当工作让你产生兴奋感，推销自己就会变成第二天性。

我向女性朋友介绍自己做的事情，会从内心深处洋溢出喜悦。工作就是我的激情所在，这样的能量是会感染别人的。这种激情不是勉强出来的，也不是预先录制的，是真实的、自然的、强烈的。我知道我的工作会改变别人的生活，我要尽可能地和更多人分享，这是我的使命。如果你不太相信自己，和最亲密的、最能鼓励你的好姐妹聚一聚，为自己打打气。有时候，最亲近的人可以提醒我们，告诉我们真实的自己有多么美好。

如果运用得当，自我推销的能力是创业者最有力的武器。

## — 访谈 —

**格温 · 温德里希**
温德里希 · 卡普兰公关创始人兼 CEO，“重返职场”（Enternship）创始人，“金弹部队”（Golden Grenade Brigade）联合创始人

**请简单介绍一下自己。**

从个人角度而言，我刚刚重获自由，感觉好极了。我今年 41 岁，刚离婚，感觉现在是我最好的状态。我有三家蒸蒸日上的公司，结交了一个新朋友，脸上常常挂着笑容，之前在郊区生活了好几年，现在已经搬回纽约市里，我很激动、很兴奋，简直不知道该做些什么。

从专业上讲，我是温德里希 · 卡普兰公关公司的创始人兼 CEO，这是一家专注于时尚和生活方式的公关公司，总部在纽约。我在公关行业已经有 20 多年的经验了，和一些著名的时尚、美容和生活消费品牌合作过，也和一些大牌一线明星合作过。

最近，我和我的生意伙伴创立了两个很棒的女性品牌——“重返职场”和“金弹部队”，对于新的旅程将会把我们带到什么地方，我们很期待。

**进入公关行业是受到什么启发？**

说实话，我基本上是不知不觉就步入这个行业了，现在回过头想想，原因也挺明确的。之前看过资料，说你 5 岁时的理想职业，

其实就是长大以后注定要做的事情。如果这是真的话——我相信是真的——那么就说得通了。我从小就是个小作家。小时候，我总是抱着一本书，或者拿着作文本写故事。我喜欢别人到我家玩，喜欢招待他们，也总是成为人群中的焦点。我 9 岁的时候就能自如地跟任何人在任何地方、任何时间聊天，学着掌握引导话题的艺术。有人说，公关每天就是讲故事、办活动、写东西、推销东西，所以，这个职业跟我真的是绝配。不过言归正传，我究竟是怎么走到这一步的呢？

在 20 世纪 90 年代中期，我获得了一个跟帕特里夏·菲尔德（Patricia Field）实习的机会，她真的特别有才华，在纽约拥有一家名为菲尔德之家（House of Field）的设计公司。那时候，帕特里夏本人、她的商店和她的设计在酒吧和名流圈子里特别受欢迎。那时候比较出名的有贝齐·约翰逊（Betsey Johnson），迈克尔·马斯托（Michael Musto）、帕特里克·达诺利（Patrick Danoly），鲍厄里酒吧（The Bowery Bar）、隧道夜店（The Tunnel），都很棒。我在纽约时装技术学院（Fashion Institute of Technology College）里最喜欢的教授塔尼娅·洛温斯坦（Tanya Lowenstein）帮我安排了面试。教授养了很多猫，会讲很多故事，在帕特里夏崭露头角的时候就认识她了。面试前走出电梯的那一刻，我就知道我要走运了。桃红色的墙面，豹纹地毯，“菲尔德之家”几个大字仿佛闪着光，这里让我觉得如鱼得水，我顺理成章地把自己推销了出去，获得了这个实习机会。公关行业就是建立关系、结交人脉，而我借助塔尼娅教授的人脉，才在这个行业起步。

在公司里，韦罗妮卡·拜沃斯基（Veronique Bywalski）经理像大姐姐一样，她也是个全能冠军。她教我一些窍门，带我去展会，教我跟买手和造型师打交道。我负责策划时装秀的时候，跟她一起在市里到处跑，参加会议、晚宴和名流派对。你可以想象到，这对于一个在郊区长大的女孩来说意味着什么。她把我打扮成“都市风格”，给我介绍好喝的葡萄酒和从没听说过的美食，最棒的是每周四晚上都邀请我去她家过夜，和她的朋友一起看《新飞越比佛利》，点外卖（清蒸鸡肉西兰花，当然不要米饭）。

三个月的实习期结束后，我请求帕特里夏，能不能让我转正。你猜怎么着，她真的给了我一份工作！她这个人可不好说话，但是我已经证明了自己什么都愿意做，她知道这一点。那时候我还没从学校毕业，所以课前、课间和休息的时候去公司，晚上在时装秀和派对工作。有时候，我们晚上打包发货到凌晨3点，工作快把人累垮了，但是没关系。我热爱这份工作，这份工作也教会我很多有用的功课。我甚至还“发现”了公关究竟是什么，那天我在办公室和前《服饰与美容》总编安德烈·莱昂·塔利（André Leon Talley）一起工作。总编想要找些素材，为一个拍摄做准备，当时我是唯一能帮忙的人。瞧！从那一天起，一颗公关新星冉冉升起了。

从2001年创业以来，我一直努力地关心每一名为我工作的女性员工，把她们当成我的家人，就像当时韦罗妮卡关怀我一样。我尽可能地鼓励、支持她们。我和我的团队关系非常亲密，不管别人怎么想，这样很适合我。我只知道这样的方式，也认为这样是对的。为韦罗妮卡和帕特里夏·菲尔德欢呼吧！

**在做生意的时候会遭遇很多拒绝，你会怎样处理呢？**

认真讲，在这一行需要脸皮很厚很厚，因为自信才是硬道理。还有，我从来不接受否定的回答，现在也不打算这么做。大家同意吗？积极的心态，工作前的健身，中午一杯绿色果蔬汁，和闺密们喝鸡尾酒，反思生命中最重要的事情，这些都能帮助我熬过去。我可以很快转换心情，所以不会在坏情绪里待太久。心情不好有什么用呢？我会在别的地方拿下另一家媒体，或者在下周拿下其他客户。我听过各种拒绝，现在可以对此保持专业的态度，但是培养这种态度需要时间。总的来说，成为一个企业家是相当有压力的，但是我不会因为别人的态度改变自己。

**跟我们分享一下你在帮助职业女性群体方面做了哪些事情，可以谈谈现在做的“重返职场”或者其他项目。**

我和我的合伙人达拉·卡普兰（Dara Kaplan）刚刚成立了一个新品牌“金弹部队”，这是一个帮助女性建立、发展品牌，迅速成长的社区。

创立这个平台的灵感来源于上一个项目“重返职场”，它是一个帮助女性重新进入职场的实习项目，在世界各地获得了巨大成功，《福布斯》（*Forbes*）、《赫芬顿邮报》、《精英日报》（*Elite*

*Daily*）、《时代周刊》（*Times*）、《纽约邮报》（*New York Post*）、福克斯广播公司（Fox）、美国有线电视新闻网（CNN）都对此做过专题报道。这个项目是为那些希望重回职场的女性成立的，比如一些受够了新人之苦的人，一些之前离开过职场的人（退休人员，或者生完孩子的妈妈）。这个项目触及了世界各地女性的一大痛点。数千名女性给我们写信、打电话、发邮件，询问怎样使用她们的技能、人脉和过去的经验，如何在 2017 年找到工作，或者开始创业。最重要的是，她们想知道怎么为面对重返职场和创业做好心理准备。

不过我们发现，那些想学习包装自己，向我们寻求帮助的，不只是 40 多岁的女性，还有 20 多岁、想拥有自己事业的女性，甚至还有已经有自己的事业、还想追求更高层次成长的女性。这就是"重返职场"的发展演变过程，它成为我们回馈来自各地、各个年龄阶段女性的一种方法。

"金弹部队"是一个以女性为中心的项目，包含线下工作坊、在线课程和书籍，提供给那些想要一鸣惊人、成为企业家的女性。我们这里没有迷信的东西，不会看面相、许愿什么的。我们提供的是可靠的、可信的事实，用公关的力量实现品牌快速增长，帮助她们绘制步骤详细的蓝图，列出清晰的、可执行的项目，最终实现目标。

我们致力于"女性互助，砥砺前行"运动。女性的力量棒极了！我们的使命是通过我们的经验、资源和人脉，激励女性，教授她们实用的技巧，包装自己和自己的事业。

**作为女性，你非常成功，也很努力。我的原则是“女人第一，老板第二”。你认同这句话吗？如果认同，你是如何践行这句话的呢？**

其实，我之前从没想过这个，是一位非常聪明的女士告诉我的，那个人就是你，卡拉。大家会问我：“你怎么样？生意如何？”一口气问完两个问题，中间不带停顿。所以，我当然会大谈特谈生意多么好，不管到底是不是好，而且我从来不会说自己怎么样。

感觉像是受到了冷落。你必须状态不错，因为这是大家想听到的。但是，要让他们听到事实。让自己置身于牢固的关系网中，身边环绕着一群真心为你好、为你着想的导师、知己和朋友。我就是这么做的，效果很好，真的很好。在处理业务之前，我会确保自己在心理上是健康的、安全的，然后就会更有力量。

**在创业的道路上，你认为对女性企业家最重要的是什么？**

照顾自己、接纳自己、爱自己。你会很容易陷入一种孤军奋战、苛责自己、焦虑不安、想要放弃一切的低谷里，我们都经历过。但是，如果这时候停下来喘口气——比方说，花一天时间去做疗养，回想自己做过的对的事情、过去取得的成功，或者冥想几分钟，离开一会儿——你会恢复的，会想起创业的初衷，想起创业的好。

**现阶段，是什么激励着你？**

我想，是爱、新鲜感、艺术、舞蹈、旅行和女性赋能。我觉得自己比前几年更有活力了，对一些食物有种久违的感觉。艺术对我而言更重要了，音乐会让我的灵魂燃烧，我重新报了舞蹈课，跟着阿尔文·艾利（Alvin Ailey）上课，感觉真的很棒。我和新结识的朋友一起旅游，真的很开心，身边有一群女性，她们有的有自己的企业，有的积极能干，有的是女权主义的忠实拥护者。现在方兴未艾的女性运动真的带给我很多动力，这种运动带来的能量是显而易见的，伟大的事情即将发生。我能预感到，你呢？

**怎样保持积极的心态？**

每天一定会做几件让自己开心的事情，比如抱抱狗，在公园里安静地散步，计划一趟旅行，或者跟老友聊天，我会让自己的生活充满幸福感，而且每一天都努力散播爱。我会让好朋友围在身边，赶走消极的情绪。说实话，我认为没有比这个更重要的了。

**你对刚开始创业的女性朋友有什么建议？**

重视人脉，多结交一些人。抬头挺胸，两眼放光，甩甩头发，然后出发吧！不管你是自信女王，还是暂时需要伪装，亲爱的，只管起身出发吧。要有清晰的目标，而且迅速行动起来，因为是你自己的事情，而且没有人会比你做得更好。你会问，具体该怎么做呢？先在社交媒体页面上告诉大家你的新想法，然后加入相关的社交群体，在这些群体里深耕细作。寻找当地的商业、文化、教育群体和相关活动（很多都是免费的，不会让你倾家荡产）。如果需要的话，也可以去 Meetup.com 网站上搜一搜。告诉朋友你在寻找人脉，准备自己新的商业计划。使用谷歌搜索。多走出去，才会收到更多邀请。

好吧，你晚上没法外出？在当地和一些女性朋友举办每周一次的早餐会如何？或者打电话约以前的同事喝咖啡？或者邀请你欣赏的人出去散步？话说得越多，越能理直气壮。火车上坐在你旁边的那个人很可能是谷歌的副总裁，在负责一个女性企业孵化器的新项目，寻找像你这样的公司入驻。你会说什么呢？谈哪些话题呢？阳光、天空，你最近的经历，这些都可以。放心地去吧，每个转角都会有魔法出现，去寻找吧。

## — 访谈 —

**肯索丽·尼西姆威（Consolee Nishimwe）**
作家、励志演说家

我原本计划在本书里安排九个采访，每章一个，就在本书快要交付印刷的时候，我在纽约自己协办的一个女性智慧心灵的活动上，有幸遇见肯索丽·尼西姆威。

从她走近我的那一刻，我就知道她身上有种魔力，我知道这本书必须有她的参与。别人介绍我们认识的时候，肯索丽没有跟我握手，而是握住我的胳膊，在整个谈话过程中都紧握着我。她的眼睛熠熠发光，我能感受到她脆弱和充满怜悯的心，瞬间就想要跟她建立联系。说实话，她是我见过的最温暖的女性，这样一个人的存在真的打动了我。

开头只是一个随意的招呼“你好吗”，随后谈话内容的发展很快，让我几乎无法自持。肯索丽告诉我她是 1994 年卢旺达种族大屠杀的图西族（Tutsi）幸存者，还告诉我她遭受过最严重的暴力，她失去了所有家人，被强奸、被折磨。她是一个真正的幸存者，为数不多的经受如此残暴的境遇幸存下来的人，她不仅对生活保持积极的态度，还为那些消极绝望的人发声。

肯索丽就是勇气、热情和励志的象征。她很美，我很荣幸能与你分享她的故事。

**请简单介绍一下自己。**

我的名字叫肯索丽·尼西姆威。我是一个作家，励志演说家，也是 1994 年卢旺达种族大屠杀图西族的幸存者。我倡导世界各地提高对妇女问题的重视。

**你能够把痛苦完全转化为奋斗目标，背后的动力是什么？**

经历过人类历史上最可怕的大屠杀以后，我觉得自己必须为那些在屠杀中死去的人发声，为因这样那样的原因无法说出自己经历的人发声。

**你的使命宣言是什么？**

我想是提高人们对妇女问题的意识，尤其在冲突爆发的地区，强暴被广泛用作报复女性的手段，我在努力阻止世界各地继续发生这样的事情。

**跟我们介绍一下你的书和创作灵感。**

我的书叫《极限考验：一位大屠杀幸存者痛苦、恢复与希望的故事》(*Tested to the Limit: A Genocide Survivor's Story of Pain, Resilience, and Hope*)，讲的是我自己在 1994 年卢旺达针对图西族的大屠杀之前、之中和之后的亲身经历。书里讲述了一些发生在我和家人以及成千上万图西族人身上的骇人听闻的事情，这场大屠杀意图灭绝我们的种族。书里还描述了我被强暴并感染艾滋病之后的抗争，以及我怎样保持对人生的积极态度，坚持对人生的信仰和希望。

**你的书出版时，你是怎样克服恐惧的？**

有一些 1994 年卢旺达大屠杀的施暴者想迫害我，我花了很长时间克服这种恐惧。不过，随着时间的流逝，我接受了一些心理治疗，还有其他一些自我修复的方法，终于可以战胜恐惧，并且将之化为动力，激励我用笔揭露自己经历的暴行。

**在创业道路上，你认为对女性企业家最重要的是什么？**

要相信自己，相信自己能够成功。

**哪些女性为你提供了前进的动力？**

奥普拉·温弗瑞，玛雅·安吉罗（Maya Angelou），我的妈妈玛丽－珍妮·尼西姆威（Marie–Jeanne Mukamwiza），还有马拉拉·优素福·扎伊（Malala Yousafzai）。

**你觉得女性需要多些什么？**

女性需要更多来自整个国家（政府）和社会层面的认同与保护。社会应当在教育和职业晋升方面应当给予女性平等的机会，给予女性更多尊重。

**你对刚开始创业的女性朋友有什么建议？**

不要被男性竞争对手吓到，通过努力工作和付出，你能和他们取得同样的成就，甚至更多。

# 后记

恭喜你，亲爱的！你已经解开了本书里的所有秘密。希望本书帮助你明白，关于人生和事业，你能想象到的一切都是真实的。祝愿你在孤单的日子里，找到渴望的支持；祝愿你在乏味的日子里，重新振作起来；也希望你知道，当女性团结在一起、彼此支持、彼此鼓励，就能发挥所有潜力，凝聚强大的力量。

建议你把这本书带在手边，需要动力的时候重新翻一翻。本书就是为你需要之时准备的指南，可以随时拿出来练习。如果你愿意，当你在生活中遇到任何需要支持的女性，请把这本书传递给她。

献上爱与感恩。

**卡拉**

# 致谢

致我的母亲，我人生中第一位闺密，让我时常敬畏的女人，感谢您教导我认识一切。

致我最亲密的女性朋友，我深爱着你们。感谢你们陪我一起笑、一起哭、一起疯疯傻傻，也让我觉得一切皆有可能。

致深爱着我的丈夫，你让我觉得自己是世界上最幸运、最漂亮、最聪明的女孩。感谢你如此信任我的工作，听我倾诉，和我一起头脑风暴，还帮助我把本书改进得更加精彩，超出我所有的想象。

致为这本书贡献智慧和建议、袒露心声的最棒的朋友们，你们是《无畏向前：精英女性自我实现之路》的典范，感谢你们慷慨奉献时间和洞见。爱你们所有人，祝愿你们事业成功生活美满。

致我的两位卡拉：卡拉·洛珀（Cara Loper）和卡拉·洛克伍德（Cara Lockwood），感谢你们帮助我一起孕育了这本书。为我的第四个女儿欢呼吧。它真的很完美，对吗？

最后，致所有的读者，你们是我每天前进的动力。感谢你们一直以来的支持，感谢你们的善良和爱心，我会永远心怀感恩。没有你们，我一生为之奋斗的事业可能就仅仅是一项爱好而已。